《安全生产“十二五”规划》

辅导读本

国家安全生产监督管理总局

气象出版社
China Meteorological Press

图书在版编目(CIP)数据

《安全生产“十二五”规划》辅导读本 / 国家安全生产监督管理总局编著. —北京:气象出版社，2011.12

ISBN 978-7-5029-5402-4

Ⅰ.①安… Ⅱ.①国… Ⅲ.①安全生产－生产规划－中国－学习参考资料 Ⅳ.①X93-120.2

中国版本图书馆CIP数据核字（2011）第256735号

《安全生产“十二五”规划》辅导读本

Anquan Shengchan Shierwu Guihua Fudao Duben

出版发行：气象出版社

地　　址：北京市海淀区中关村南大街46号　**邮政编码**：100081

总 编 室：010-68407112　**发 行 部**：010-68409198

网　　址：http://www.cmp.cma.gov.cn　**E-mail**：qxcbs@cma.gov.cn

责任编辑：彭淑凡　张盼娟　**终　　审**：吴晓鹏

封面设计：燕　彤　**版式设计**：刘煜晖　程　多

责任校对：吴庭芳

印　　刷：中国电影出版社印刷厂

开　　本：889 mm×1194 mm　1/32

字　　数：92千字　**印　　张**：5

版　　次：2012年1月第1版

印　　次：2012年1月第1次印刷

定　　价：38.00元

本书如存在文字不清、漏印以及缺页、倒页、脱页等，请与本社发行部联系调换

编委会

目录

引 言

安全生产事关人民群众生命财产安全，事关改革发展稳定大局，事关党和政府形象和声誉。为贯彻落实党中央、国务院关于加强安全生产工作的决策部署，根据《中华人民共和国国民经济和社会发展第十二个五年规划纲要》（以下简称《国家“十二五”规划纲要》）和《国务院关于进一步加强企业安全生产工作的通知》（国发〔2010〕23号）精神，总局组织制定了《安全生产“十二五”规划》（以下简称《规划》）。

2011年9月21日，国务院第173次常务会议审议通过了《安全生产“十二五”规划》，并于10月1日以国务院办公厅的名义正式印发实施。这是我国安全生产领域的一件大事。《规划》

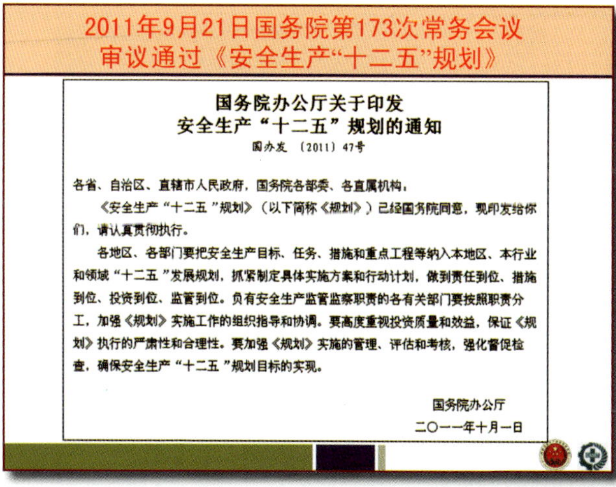
2011年9月21日国务院第173次常务会议审议通过《安全生产“十二五”规划》

国务院办公厅关于印发
安全生产“十二五”规划的通知
国办发〔2011〕47号

各省、自治区、直辖市人民政府，国务院各部委、各直属机构：

《安全生产“十二五”规划》（以下简称《规划》）已经国务院同意，现印发给你们，请认真贯彻执行。

各地区、各部门要把安全生产目标、任务、措施和重点工程等纳入本地区、本行业和领域“十二五”发展规划，抓紧制定具体实施方案和行动计划，做到责任到位、措施到位、投资到位、监管到位。负有安全生产监管监察职责的各有关部门要按照职责分工，加强《规划》实施工作的组织指导和协调。要高度重视投资质量和效益，保证《规划》执行的严肃性和合理性。要加强《规划》实施的管理、评估和考核，强化督促检查，确保安全生产“十二五”规划目标的实现。

国务院办公厅
二〇一一年十月一日

的发布实施进一步体现了党中央、国务院对安全生产工作的高度重视。

《规划》是《国家“十二五”规划纲要》在安全生产领域的细化和延伸，也是“十二五”时期各级政府和有关部门履行安全生产监督管理和社会管理职责的重要文件，更是指导各级政府安全生产工作，以及审批、核准安全生产领域重大项目，安排政府投资和财政支出预算，制定安全生产相关政策的重要依据。

它明确了未来五年我国安全生产工作的总体思路、发展目标和战略部署，并就安全生产工作的重点领域、主攻方向以及保障措施做出了明确部署，必将为推动“十二五”时期安全生产状况持续稳定好转，实现国务院确定的“到2020年全国安全生产状况实现根本性好转”目标提供强有力的指导。

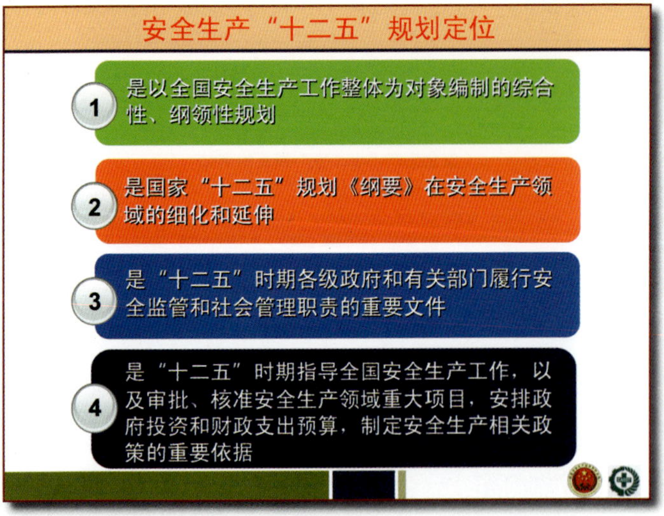

第1章

《规划》编制概况

一、《规划》体系架构

安全生产规划涉及范围广、协调任务重。为充分发挥安全生产规划在国家、地区、行业（领域）经济发展

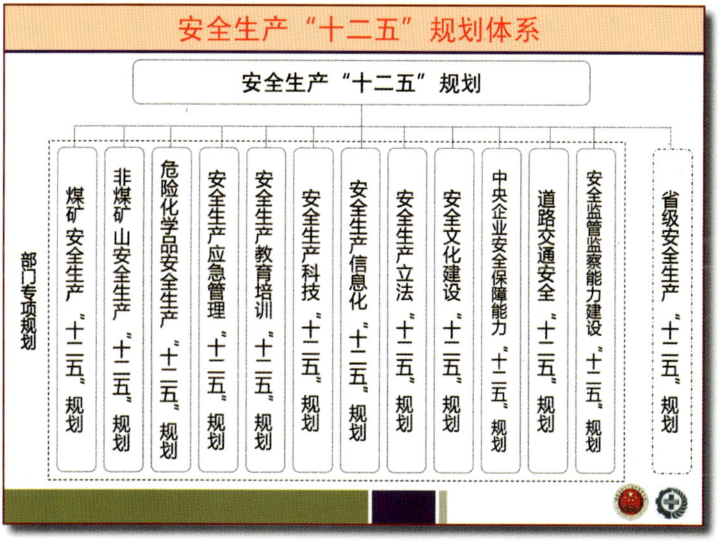

和社会创新管理的导向作用，充分体现不同层级安全生产规划区域间的差异性和特征性，明确界定各层级间安全生产规划的事权、责任、任务，增强安全生产规划的整体性、科学性、协调性和操作性，安全生产“十二五”规划体系分为：1个总体规划、12个部门专项规划、32个省级专项规划。

总体规划即《安全生产“十二五”规划》，是以全国安全生产工作整体为对象编制的综合性、纲领性规划。

部门专项规划是以安全生产特定行业和领域为对象编制的规划，是对总体规划的细化和落实，包括由国家安全监管总局审批发布的煤矿安全生产、非煤矿山安全生产、危险化学品安全生产、安全生产应急管理、安全生产教育培训、安全生产科技、安全生产信息化、安全生产立法、安全文化建设、中央企业安全保障能力的10个专项规划，与公安部联合发布的道路交通安全专项规划，以及与国家发展改革委员会联合发布的安全监管监察能力建设规划。

省级专项规划是以各地区安全生产工作为对象编制的区域性规划，是总体规划在特定区域的落实和细化，包括31个省（自治区、直辖市）和新疆生产建设兵团的安全生产规划。

构建安全生产“十二五”规划体系，就是要通过强化总体规划的指导约束功能，做深做实部门和省级专项规划，力求各类规划在选题与破题中科学合理实施政府安全监管和企业安全管理，以最小的投资获取最佳的安全生产效益，促进安全生产与经济社会可持续发展，力求各类规划定位清晰、功能互补、形成合力。

二、《规划》编制过程

国家安全监管总局高度重视《规划》编制工作，于2009年10月启动了“十二五”规划编制工作，过程中主要开展了以下工作。

一是加强领导，落实责任。成立了由国家安全监管总局和国家煤矿安监局分管领导同志任组长的

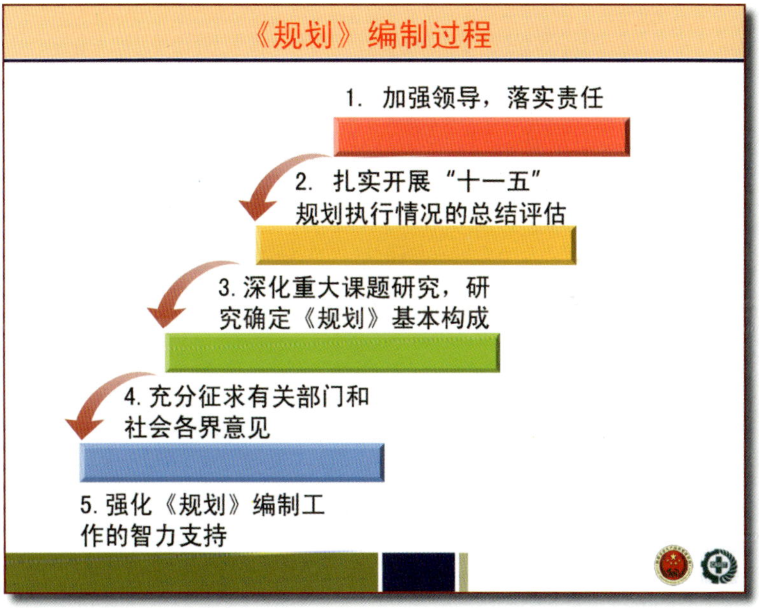

“十二五”规划编制工作领导小组，制定了规划编制工作方案，明确了重点环节工作分工，分解落实了相关工作责任，选配了知识结构好、业务能力强的骨干，组建了得力的规划编制队伍。同时，建立和完善了《规划》的民主参与、有效衔接、科学论证、适时公布和合理评估等制度。

二是扎实开展“十一五”规划执行情况的总结评估。采取定量与定性、安全监管部门与相关部门、系统内部与聘请专家相结合等多元评估方法，对“十一五”规划实施情况进行了评估，客观评价了“十一五”规划确定的发展目标、重点任务、政策措施等落实情况，总结分析了“十一五”规划实施取得的成效和存在的问题及原因，形成了《安全生产“十一五”规划实施评估报告》（安监总规划〔2011〕32号），为编制好“十二五”规划奠定了基础。

三是深化重大课题研究，研究确定《规划》基本构成。在深入基层调查研究，广泛听取意见建议的基础上，确定了11个重大课题，明确了研究方法和工作重点，组织动员各方面力量开展研究，形成了70多万字的报告，在构建安全生产长效机制、解决制约安全生产突出矛盾和热点问题上有所创新、有所突破，为编制“十二五”规划提供了科学依据。

《规划》重大课题一览表

序号	重大课题名称
1	经济社会发展对安全生产的影响分析及对策研究
2	安全生产“十二五”规划目标指标体系研究
3	安全生产法制建设对策研究
4	加强安全生产基层基础工作研究
5	进一步提高煤矿安全生产水平研究
6	构建重大事故预防控制体系研究
7	加强职业危害监督管理研究
8	提升应急保障能力研究
9	安全生产技术支撑体系建设研究
10	提高人员素质对策研究
11	安全生产相关经济政策研究

四是充分征求有关部门和社会各界意见。《规划》采取“自外而内、自下而上”的编制模式，先后五次征求了国务院安委会35个成员单位意见，两次征求了各省（区、市）安全监管部门意见，分区域多次召开基层监管监察机构和企业代表参加的专题座谈会，在安全监管总局政府网站开设专栏向全社会公开征求意见，11000多人通过网上留言等方式提出了建议。最终，对专家、社会、地方和国务院安委会成员单位提出的意见建议基本予以采纳。

五是强化《规划》编制工作的智力支持。为确保《规划》编制过程充分体现科学论证和民主决策的原则，成立了由中国科学院、中国工程院和相关行业（领域）科研院所等20名专家组成的《规划》专家咨询顾问组，全过程参与《规划》调研、咨询和论证工作，力争突出《规划》的科学性、指导性和可操作性。专家咨询顾问组多次召开专题会议对《规划》进行咨询论证，形成了专家论证报告。

三、《规划》定位

《规划》旨在科学判断我国安全生产现实状况和发展特点，深入分析“十二五”时期面临的机遇与挑战，系统阐明“十二五”时期国家在安全生产领域的发展思

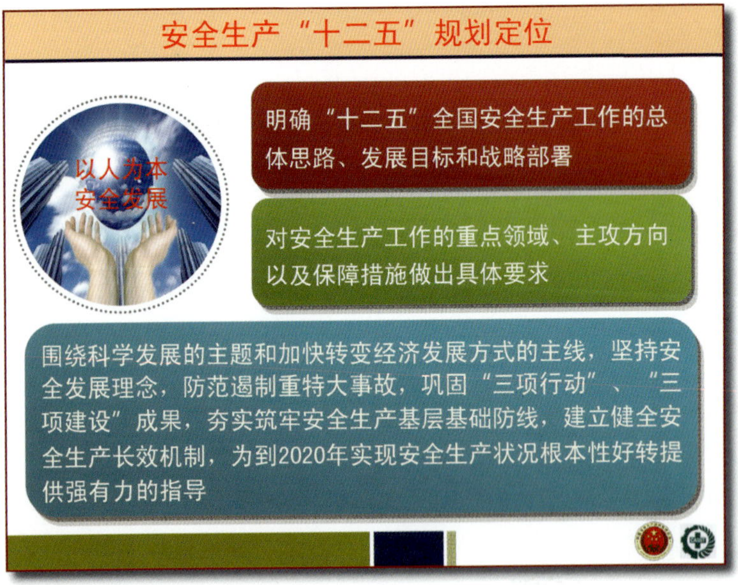

路和工作目标，从全国各行业（领域）的角度，重点明确各行业（领域）安全生产的主要任务与重大工程，把安全生产纳入经济社会发展的总体布局。通过规划实施，进一步落实企业安全生产主体责任，强化安全生产监管，有效防范和坚决遏制重特大事故，促进安全生产状况根本好转。

根据《中共中央关于制定国民经济和社会发展第十二个五年规划的建议》、《中华人民共和国国民经济和社会发展第十二个五年规划纲要》和国家对“十二五”专项规划的要求，《规划》编制重点把握好以下原则。

一是统筹整体与局部。注重对安全生产全局及各地区、各行业（领域）面临安全生产形势的综合分析。既

明确了整体安全生产发展的主攻方向，又明确了事故总量和重特大事故控制的重点地区、行业（领域）、重点时段和企业类型。

二是兼顾长远与近期。强化对安全生产阶段性发展规律的研究，既重视完成五年阶段性目标，又重视与中长期发展目标相衔接；既提出解决当前紧迫问题的短期政策措施，又提出构建安全生产长效机制的中长期设计框架。

三是明确全面和重点。正确认识和妥善处理安全生产发展中面临的各种难题，在抓好全局工作的同时，着力在重点环节上取得突破，力争在有限的规划期内解决关键领域存在的突出问题。

四是兼顾需要与可能。充分考虑安全生产的现实基础和发展水平，突出对安全生产预见性问题的研究，科学设置发展目标、主要任务和重点工程，实现“保持前瞻与留有余地、鼓舞人心与切合实际、尽力而为与量力而行”相结合。

四、《规划》内容框架

根据《国务院关于加强国民经济和社会发展规划编制工作的若干意见》（国发〔2005〕33号）和《国家发展和改革委员会关于印发〈国家级专项规划管理暂行办法〉的通知》（发改规划〔2007〕794号）要求，在内容框架上，《规划》包括现状与形势，指导思想、基本原则和规划目标、主要任务、重点工程、规划实施与评估等五部分。

“现状与形势”部分总结回顾了“十一五”期间全国安全生产工作取得的积极进展和明显成效，对未来五年我国安全生产面临的形势进行了分析定位。

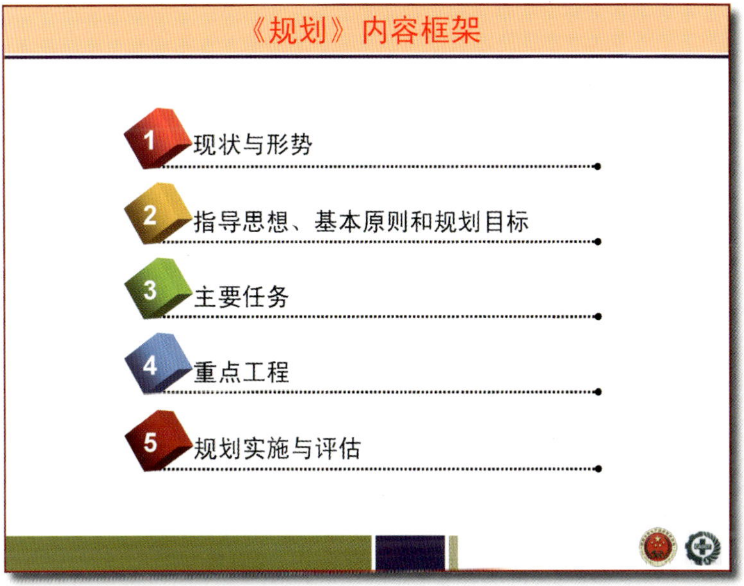

“指导思想、基本原则和规划目标”部分阐明了“十二五”时期国家在安全生产领域的发展思路、工作原则和工作目标，明确了各行业（领域）安全生产的事故控制指标。

“主要任务”部分提出了“十二五”时期安全生产工作的六项主要任务。

“重点工程”部分根据主要任务梳理出以企业实施为主体和以政府实施为主体的两类重点工程，冀望以重点工程实施为抓手和载体，促进主要任务顺利完成。

“规划实施与评估”部分明确了《规划》实施的责任、手段和途径以及保障《规划》顺利实施的政策措施。

第2章

《规划》主要内容解读

一、现状与形势

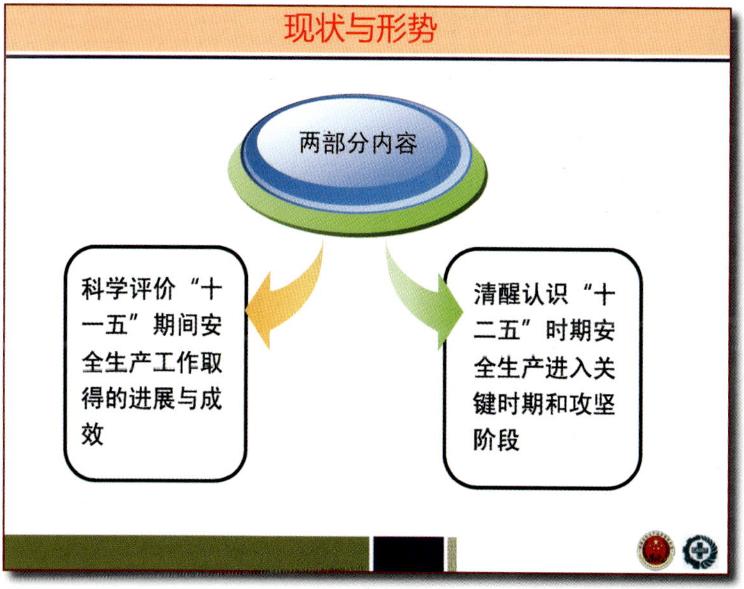
现状与形势
两部分内容
科学评价“十一五”期间安全生产工作取得的进展与成效
清醒认识“十二五”时期安全生产进入关键时期和攻坚阶段

（一）科学评价“十一五”期间安全生产工作取得的进展与成效

《国务院关于进一步加强安全生产工作的决定》（国发〔2004〕2号）明确提出“到2010年，初步形成规范完善的安全生产法治秩序，全国安全生产状况明显好转，重特大事故得到有效遏制，各类生产安全事故和死亡人数有较大幅度的下降”。为此，《规划》对“十一五”期间安全生产工作做了全面回顾、总结与评价。

“十一五”期间，党中央、国务院明确提出以人为本、安全发展的科学理念，采取了一系列重大举措加强安全生产工作，深入开展了“隐患治理年”、“安全生产年”等活动。扎实推进安全生产执法、治理和宣教“三项行

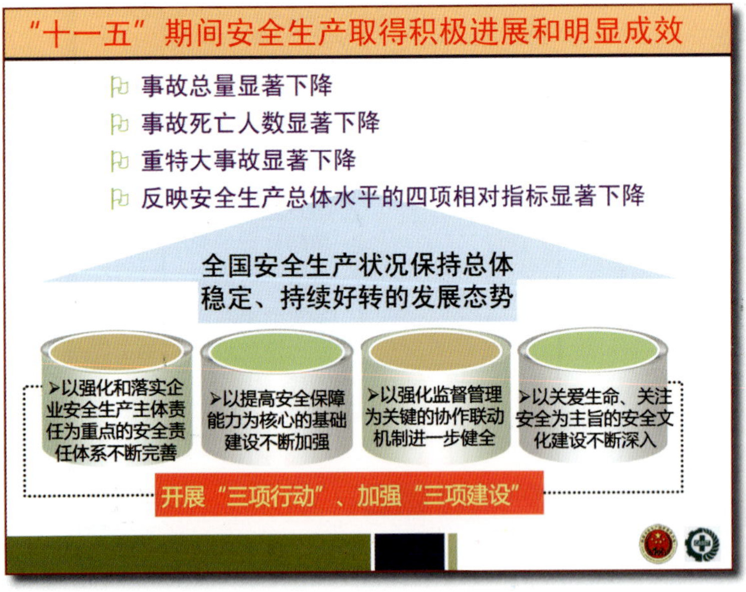

动”，全面加强安全生产法制体制机制、安全保障能力和安全监管监察队伍“三项建设”。

经过各地区、各有关部门的五年不懈努力，以强化和落实企业安全生产主体责任为重点的安全生产责任体系不断完善，以提高安全保障能力为核心的基础建设不断加强，以强化监督管理为关键的协作联动机制进一步健全，以关爱生命、关注安全为主旨的安全文化建设不断深入，全国安全生产状况保持了总体稳定、持续好转的发展态势。与 2005 年相比，实现了“四个显著下降”。

一是事故总量显著下降。2010 年全国发 生各类事故 36.3 万起，比 2005 年的 71.8 万起下降 49.4%。

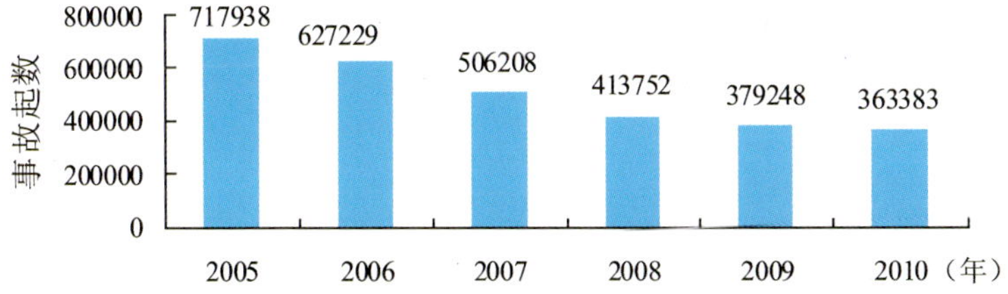

2005—2010 年各类事故起数

二是事故死亡人数显著下降。2010 年各类事故死亡 7.95 万人，比 2005 年的 12.7 万人下降 37.4%。

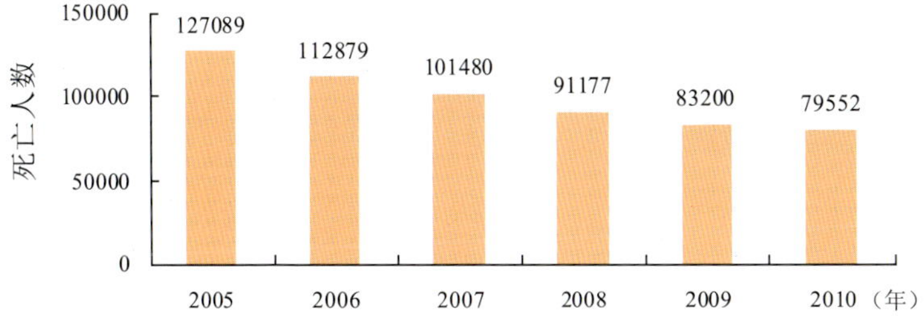

2005—2010 年各类事故死亡人数

三是重特大事故显著下降。重特大事故起数和死亡人数由 2005 年的 134 起、3049 人，分别降至 2010 年的 86 起、1438 人，下降 37% 和 53%。

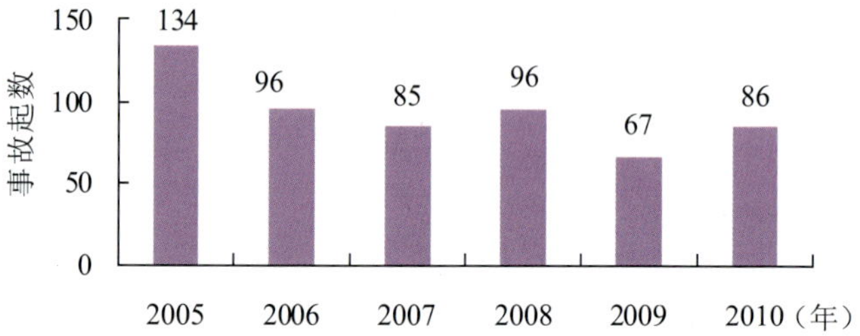

2005—2010 年重特大事故起数

四是反映安全生产总体水平的四项相对指标显著下降。亿元国内生产总值（GDP）生产安全事故死亡率由 0.697 降至 0.201，下降 71%；工矿商贸就业人员十万人生产安全事故死亡率由 3.85 降至 2.13，下降 45%；道路交通万车死亡率由 7.6 降至 3.2，下降 58%；煤矿百万吨死亡率由 2.811 降至 0.749，下降 73%。

纳入统计公报的四项相对指标完成情况一览表

序号	名称	2005 年	规划目标	2010 年	2010 年与 2005 年对比
1	亿元国内生产总值生产安全事故死亡率	0.697	下降 35%	0.201	下降 71%
2	工矿商贸就业人员十万人生产安全事故死亡率	3.85	下降 25%	2.13	下降 45%
3	道路交通万车死亡率	7.6	降至 5.0	3.2	下降 58%
4	煤矿百万吨死亡率	2.811	下降 25%	0.749	下降 73%

在党中央、国务院的坚强正确领导下，经过各地区、各部门的共同努力，国务院批准制定的《安全生产“十一五”规划》任务全面完成，安全生产状况明显好转的目标如期实现。这个实践也表明，《安全生产“十一五”规划》适应我国经济社会发展水平，符合我国安全生产发展趋势。

（二）清醒认识“十二五”时期安全生产进入关键时期和攻坚阶段

“十二五”时期，是我国全面建设小康社会的重要战略机遇期，是深化改革开放、加快转变经济发展方式的攻坚阶段，也是安全生产状况保持持续稳定好转的关键时期。

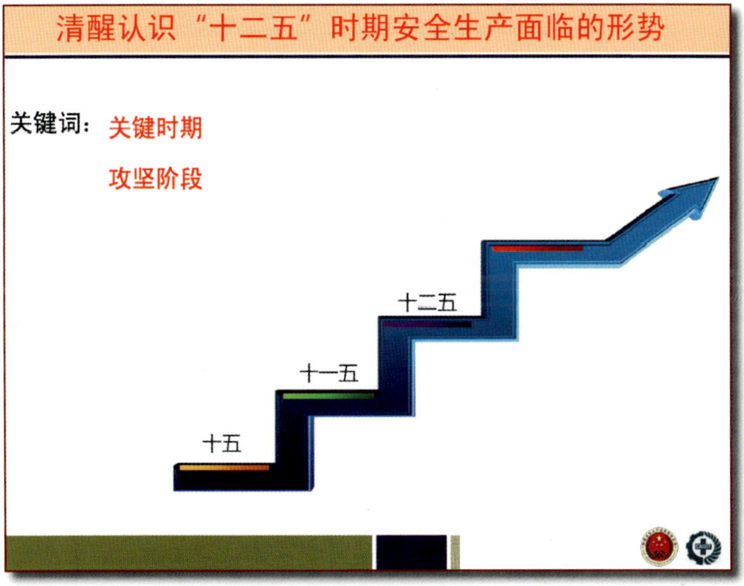

安全生产工作既面临长期积累的深层次、结构性、机制性矛盾和问题，任务十分艰巨繁重，又有党中央国务院高度重视、社会广泛支持的历史机遇。

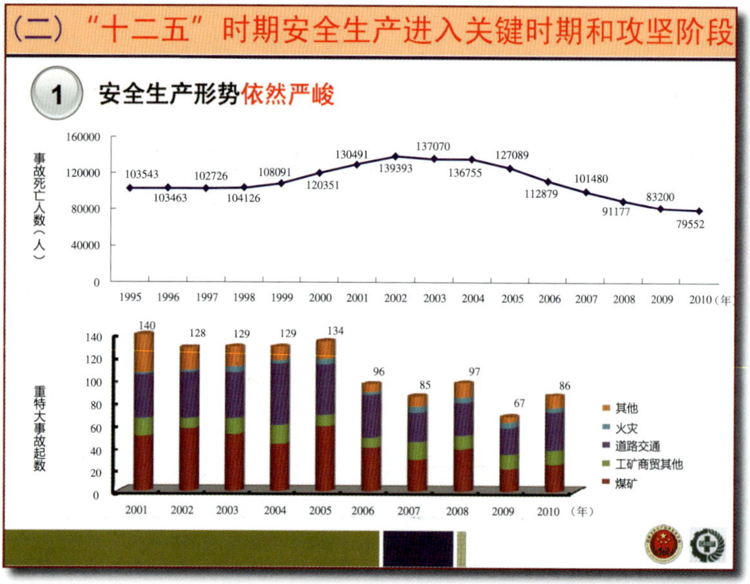

一是安全生产形势依然严峻。我国仍处于工业化、城镇化快速发展进程中生产安全事故易发多发的特殊时期，事故总量仍然较大，2010年事故死亡仍有7万多人。重特大事故尚未得到有效遏制，“十一五”期间年均发生重特大事故86起。2011年7月份以来，相继发生了“7·22”京珠高速河南信阳境内卧铺客车燃烧事故和“7·23”甬温线铁路交通事故，同时还发生了一系列煤矿瓦斯爆炸和透水、建筑施工坍塌、冶金企业铁水外溢、渡船翻沉、火灾等重大事故，以及化工运输管道泄漏燃烧、地铁列车追尾等严重涉险事故，造成惨重的人员伤亡、财产损失和严重的社会影响。

“7·22”京珠高速河南信阳卧铺客车燃烧事故

“7·23”甬温线铁路交通事故

同时，职业危害严重。突出表现在：职业病病人数量大，改革开放30年来我国累计报告职业病50多万例，近年新发病例数仍呈上升趋势；尘肺病、职业中毒等职业病发病率居高不下，尘肺病约占职业病病人总数的80%，近年平均每年报告新发病例1万多例；职业病危害范围广，煤炭、冶金、化工、建材、汽车制造、医药等行业不同程度地存在职业病危害，许多中小企业工作场所劳动条件恶劣，劳动者缺乏必要的职业病防护；群发性职业病事件时有发生，近年河北省高碑店市农民工苯中毒、福建省仙游县和安徽省凤阳县农民工矽肺病等事件，一次性造成几十人甚至上百人患病，已成为影响社会稳定的突出问题。

二是安全生产基础依然薄弱。部分高危行业产业布局和结构不尽合理，经济增长方式相对粗放，经济社会快速发展对交通、能源、资源原材料等需求持续增加，安全生产保障难度日益加大。部分企业工艺技术落后，设备老化陈旧，安全管理水平低下。轨道交通、隧道、超高层建筑、城市地下管网等施工、运行与管理的新老安全生产问题聚集，安全风险加大。

三是安全生产监管监察及应急救援能力亟待提升。各级安全生产监管部门和煤矿安全监察机构基础设施建设滞后，技术支撑能力不足。救援力量仍较薄弱，应对重特大事故灾难的大型及特种装备较为缺乏。部分重大事故致灾机理和安全生产共性、关键性技术研究有待进一步突破。

以安全监管部门监管执法工作条件为例，省、市、县三级安全监管部门办公业务用房紧张，部分市级和县级甚至靠租借方式办公，安全监管监察执法、事故现场调查取证和分析的装备数量不足，并呈逐级衰减态势。省、市、县三级安全监管部门工作条件标准配置达标率较低，其中办公业务用房达标率为30.4%、29.8%和16.1%；现场检查检测装备达标率为6.2%；7.2%和4.4%；应急救援指挥装备达标率为12.5%、12.3%和6%；现场调查取证设备达标率为39.3%、33.1%和14.5%；现场快速执法设备达标率为22.6%、10.8%和9.5%。这些情况亟待改善。

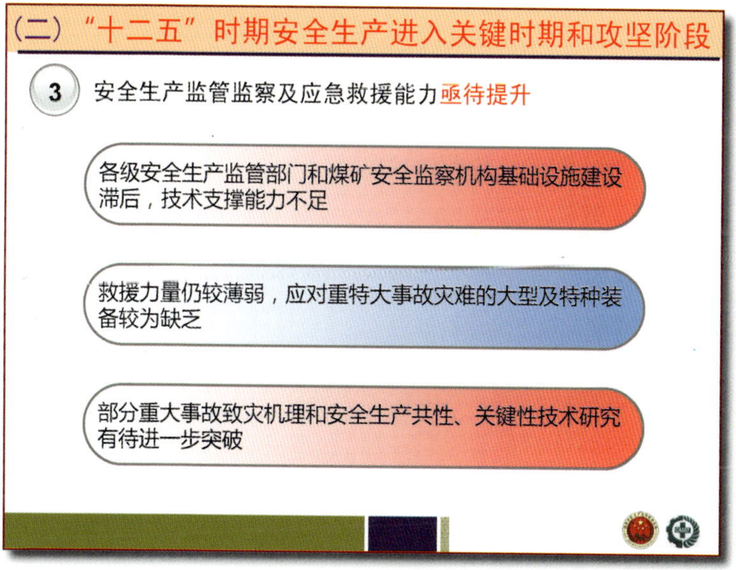

四是保障广大人民群众安全健康权益面临繁重任务。一方面，部分社会公众安全素质不够高，自觉遵守安全生产法律法规意识和自我安全防护能力还有待进一步强化。另一方面，随着经济发展和社会进步，全社会对安全生产的期望不断提高，广大从业人员“体面劳动”观念不断增强，对加强安全监管、改善作业环境、保障职业安全健康权益等方面的要求越来越高。

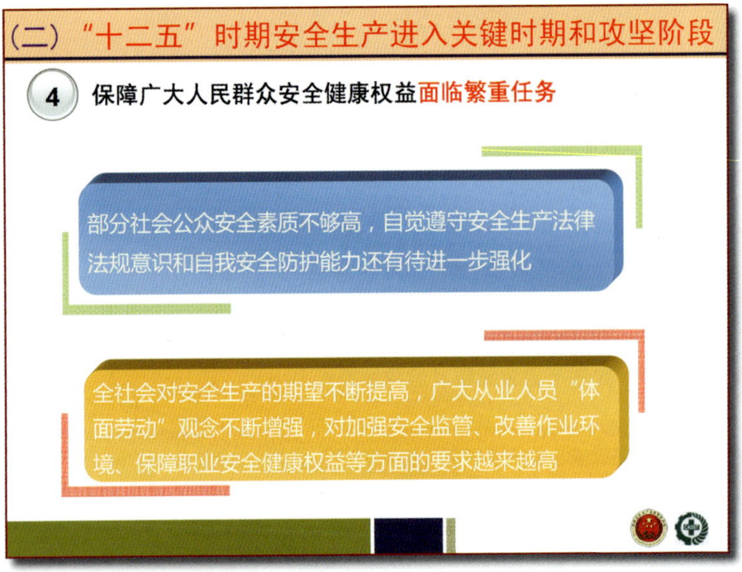

另外，与发达国家相比差距较大。进入 20 世纪 90 年代以来，发达国家工业生产中一次死亡 3 人以上的事故已大幅度减少，粉尘、毒物等职业危害因素已得到有效控制，目前更加关注改善工作条件和促进职业安全与健康。我国近年来与国外发达国家的差距在不断缩小，但无论是从事故总量和重特大事故起数，还是接触职业危害人数、职业病患者累积数量、死亡数量和新发病人数量来看，仍是事故比较严重的国家之一。

“十二五”时期安全生产面临重大历史机遇。党中央、国务院始终高度重视安全生产工作。2011年出台了《中共中央国务院关于加强和创新社会管理的意见》（中发〔2011〕11号），将全面加强安全生产工作纳入加强和创新社会管理的大格局之中。温家宝总理主持召开国务院第165、167次常务会议专题研究部署进一步加强安全生产工作，从经济社会发展全局和战略的高度，深刻阐述了新时期安全生产的地位和作用，强调安全生产事关人民群众生命财产安全，事关改革发

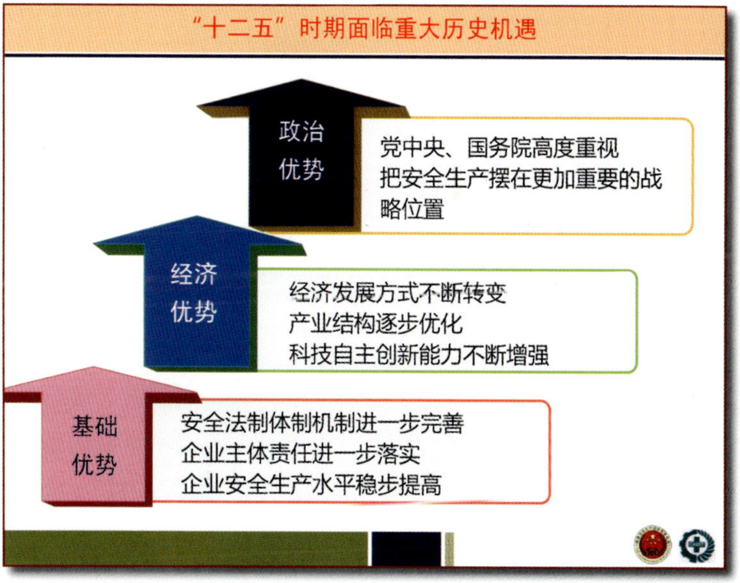

展稳定大局，事关党和政府形象和声誉。做好安全生产工作，是深入贯彻落实科学发展观、构建社会主义和谐社会的必然要求，是加快转变经济发展方式、推进经济社会全面协调可持续发展的主要任务，是全面实现建设小康社会目标、加快改革开放和现代化进程的重要保障。要牢固树立科学、安全、可持续的理念，坚持安全发展，坚持速度质量效益和安全的统一，坚持把安全生产作为政府工作的重中之重，落实企业主体责任、政府及部门监管责任、属地管理责任，坚决守住安全生产这条红线。这些重要论述和要求，是我国安全生产工作理论和实践的重大创新与发展，为实现安全生产状况的根本好转指明了方向，提供了重大的历史机遇。

经分析,“十二五”时期安全生产状况将在“十一五”期间事故总量大幅度下降的基础上，继续保持稳定下降的态势，但下降幅度收窄，重特大事故可能波动反复，部分行业（领域）和地区事故可能有所反弹。为此，“十二五”时期，必须实施更加严格的目标考核和责任追究，采取更加有效的管理手段和政策措施，加大公共安全投入，全面加强基础工作，加快推动安全生产长效机制建设。

二、指导思想、基本原则和规划目标

（一）正确把握指导思想，牢固树立安全发展理念

指导思想是规划编制的灵魂。《规划》从实际出发，明确了“十二五”时期安全生产工作的指导思想。

“十二五”时期，安全生产工作要围绕深入贯彻落实科学发展观，突出科学发展的主题和加快转变经济发展方式的主线，牢固树立以人为本、安全发展的理念，坚持“安全第一、预防为主、综合治理”的方针，深化安全生产“三项行动”、“三项建设”，以强化企业安全生产主体责任为重点，以事故预防为主攻方向，以规范生产为重要保障，以科技进步为重要支撑，加强基础建设，加强责任落实，加强依法监管，全面推进安全生产

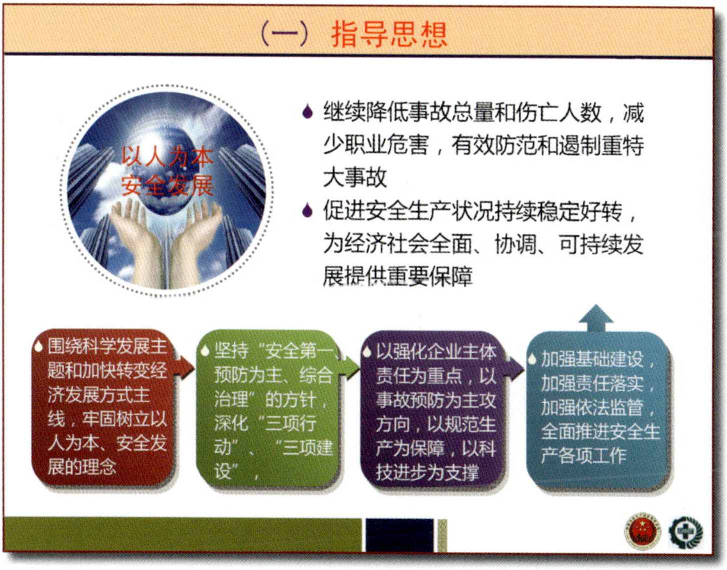

各项工作，继续降低事故总量和伤亡人数，减少职业危害，有效防范和遏制重特大事故，促进安全生产状况持续稳定好转，为经济社会全面、协调、可持续发展提供重要保障。主要基于以下考虑：

一是贯彻落实科学发展，深化对安全发展理念的认识，是开展新时期安全生产工作的必然要求，有利于提高企业安全保障能力，保障劳动者生命安全和身体健康。

二是充分体现国家“十二五”时期主要战略意图，有利于促进安全生产状况根本好转，全面提升企业安全发展水平和竞争力，将进一步促进投资结构与产业结构的调整优化，保持经济平稳较快发展。

三是符合安全生产形势发展的现实需要，有助于从根本上解决安全生产领域的深层次问题，提升安全生产和安全发展水平。

（二）切实遵循“十二五”时期安全生产工作基本原则

《规划》提出了“十二五”时期安全生产工作的基本原则，即统筹兼顾，协调发展；强化法治，综合治理；突出预防，落实责任；依靠科技，创新机制。主要基于

以下考虑：

一是要抓住安全生产工作的主要矛盾来编制实施规划，妥善处理安全与生产、安全与发展、安全与效益的关系，实现企业自主安全管理。

二是要围绕实现安全生产由事后查处应对向事前防范转变来编制实施规划，坚持源头管理、完善法治秩序，提高风险防控水平，实现可持续发展模式。

三是要围绕实现安全监管监察由传统经验型向现代科学管理型转变来编制实施规划，实现安全生产向依靠科技进步、劳动者素质提高、企业管理创新的转变。

（三）合理确定“十二五”时期安全生产奋斗目标

1. 总体目标

回顾工业化国家安全生产发展历程，都经历了从事故高发到下降和趋于稳定的过程，从事故高发到根本好转，英国经历了 70 年，美国 60 年，日本 26 年。要实现国务院确定的到 2020 年安全生产状况根本好转目标，要求我国用 18 年的时间走完发达国家几十年走过的路。因此，《规划》提出“十二五”时期安全生产总体目标确

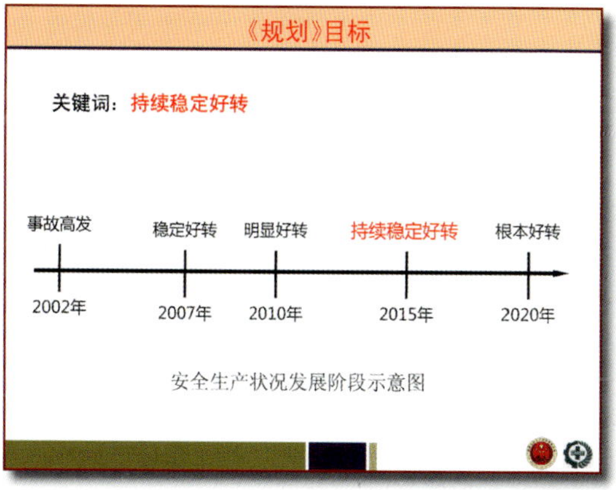

安全生产状况发展阶段示意图

定为持续稳定好转。

“持续稳定好转”的具体判定标准为：

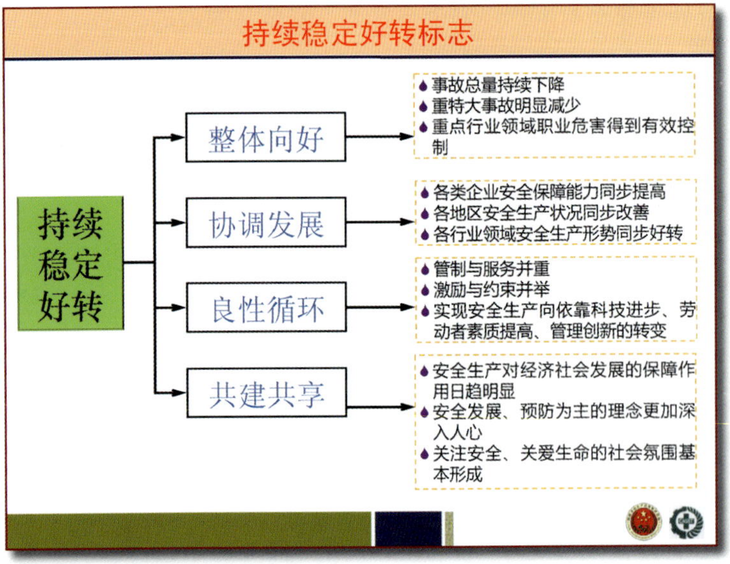

一是整体向好。事故总量持续下降，重特大事故明显减少，重点行业领域职业危害得到有效控制。

二是协调发展。各类企业安全保障能力同步提高，各地区安全生产状况同步改善，各行业领域安全生产形势同步好转。

三是良性循环。管制与服务并重，激励与约束并举，实现安全生产向依靠科技进步、劳动者素质提高、管理创新的转变。

四是共建共享。安全生产对经济社会发展的保障作用日趋明显，安全发展、预防为主的理念更加深入人心，关注安全、关爱生命的社会氛围基本形成。

按照“持续稳定好转”的判定标准，《规划》明确了“十二五”时期的总体目标：到 2015 年，企业安全保障能力和政府安全监管能力明显提升，各行业（领域）安全生产状况全面改善，安全监管监察体系更加完善，《国家职业病防治规划（2009−2015 年）》设定的职业安全健康目标全面实现，全国安全生产保持持续稳定好转态势，为到 2020 年实现安全生产状况根本好转奠定坚实基础。

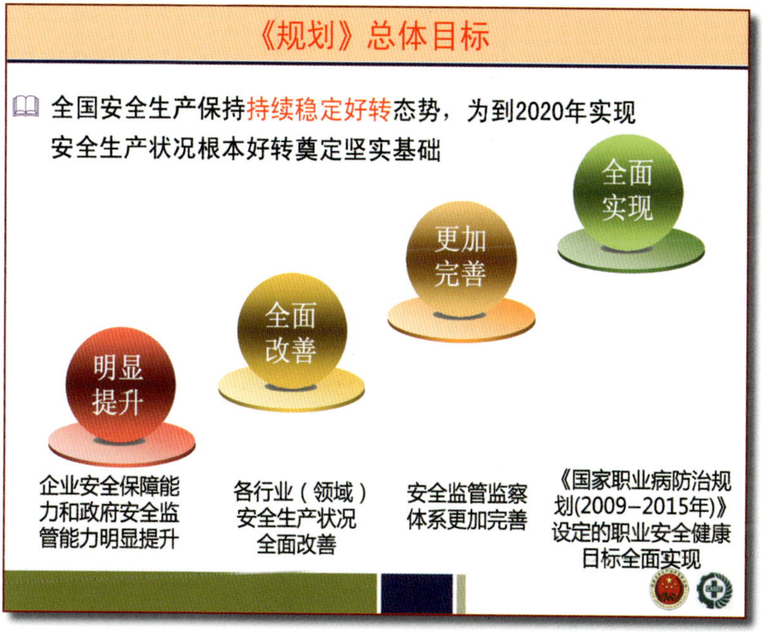

2. 指标体系

为确保实现《规划》总体目标，根据“持续稳定好转”内涵，在继承“十一五”规划指标体系的基础上，《规划》提出了由约束性指标和预期性指标组成的“十二五”规划指标体系。

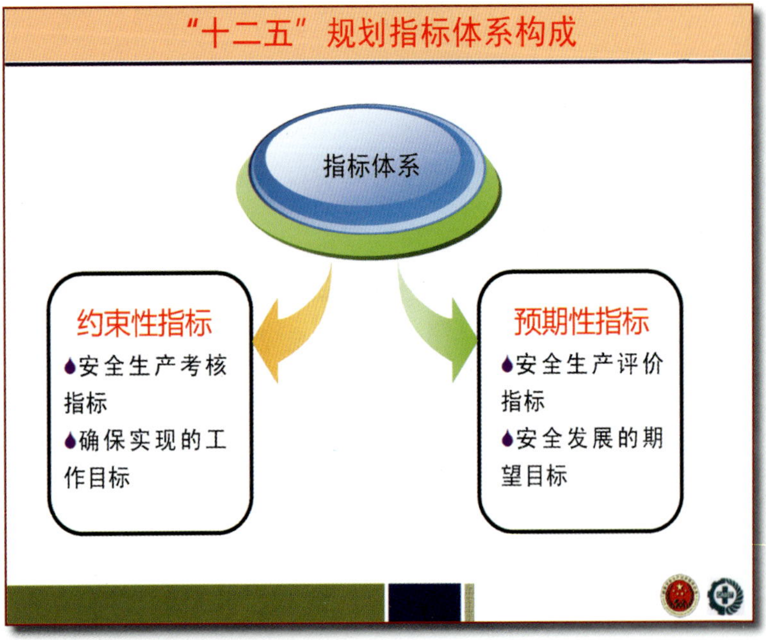

约束性指标是安全生产考核指标，共设置 15 项，是确保实现的工作目标，主要包括各类事故总死亡人数下降、工矿商贸事故死亡人数下降、较大事故起数、重大事故起数、特别重大事故起数下降等 5 项绝对指标，以及亿元国内生产总值生产安全事故死亡率、工矿商贸就业人员十万人生产安全事故死亡率、道路交通万车死亡率、煤矿百万吨死亡率等 10 项相对指标。

《规划》约束性指标一览表

序号	指标名称	规划值
1	各类事故死亡总人数	下降 10% 以上
2	工矿商贸企业事故死亡人数	下降 12.5% 以上
3	较大事故起数	下降 15% 以上
4	重大事故起数	下降 15% 以上
5	特别重大事故起数	下降 50% 以上
6	亿元国内生产总值生产安全事故死亡率	下降 36% 以上
7	工矿商贸就业人员十万人生产安全事故死亡率	下降 26% 以上
8	煤矿百万吨死亡率	下降 28% 以上
9	道路交通万车死亡率	下降 32% 以上
10	特种设备万台死亡率	下降 35% 以上
11	火灾十万人口死亡率	控制在 0.17 以内
12	水上交通百万吨吞吐量死亡率	下降 23% 以上
13	铁路交通 10 亿吨公里死亡率	下降 25% 以上
14	民航运输亿客公里死亡率	控制在 0.009 以内
15	职业危害申报率	达 80% 以上

指标设置主要基于以下考虑：一是保持“十一五”期间安全生产取得稳定好转的态势，有利于促进实现国务院确定的到 2020 年安全生产形势根本性好转的目标。二是与国家“十二五”规划《纲要》相衔接，确保实现国家“十二五”时期对安全生产工作目标要求。三是在“十一五”规划指标的基础上，指标设置要符合当前对

安全生产实行定量控制和考核的要求，有利于细化分解落实到各行业、地区和企业。四是以国民经济核算、社会统计为基础，指标名称和计算方法要科学规范，所需的统计数据应有稳定统计渠道和可靠数据来源。

预期性指标是安全生产评价指标，共设置 20 项，较"十一五"规划增加 18 项，是安全发展的期望目标，主要包括小型煤矿采煤与掘进装载机械化程度、建设项目职业卫生"三同时"审查率、特种作业人员和高危行业企业主要负责人及安全生产管理人员持资格证上岗率等预期性指标。

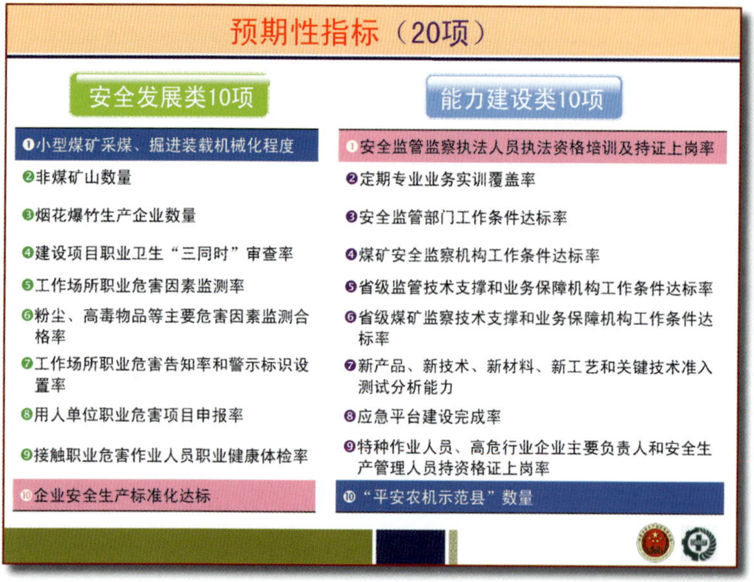

《规划》预期性指标一览表

序号	指标名称	规划值
1	小型煤矿采煤、掘进装载机械化程度	分别达到55%和80%以上
2	非煤矿山数量	下降10%以上
3	烟花爆竹生产企业数量	减少20%以上
4	“平安农机示范县”创建数量	500个以上
5	新（改、扩）建项目职业卫生“三同时”（同时设计、同时施工、同时投产和使用）审查率	达到65%以上
6	用人单位职业危害申报率	达到80%以上
7	工作场所职业危害因素监测率	达到70%以上
8	粉尘、高毒物品等主要危害因素监测合格率	达到80%以上
9	工作场所职业危害告知率和警示标识设置率	达到90%以上
10	接触职业危害作业人员职业健康体检率	达到60%以上
11	各级安全监管监察执法人员执法资格培训及持证上岗率	达到100%
12	各级安全监管监察执法人员专题业务培训覆盖率	达到100%
13	省、市、县三级安全监管部门工作条件建设	东部100%达到标准配置 中西部100%达到基本配置
14	省级和区域煤矿安全监察机构达标率	达到100%
15	省级安全监管技术支撑和业务保障机构工作条件建设	东部100%达到标准配置 中西部100%达到基本配置
16	省级煤矿安全监察机构达标率	达到100%
17	安全生产新产品、新技术、新材料、新工艺和关键技术准入测试分析能力	达到90%以上
18	国家、省、市及高危行业中央企业应急平台建设完成率	达到100% （重点县达到80%以上）
19	高危行业企业主要负责人、安全生产管理人员和特种作业人员持证上岗率	达到100%
20	企业安全生产标准化达标	分行业领域

指标设置主要基于以下考虑：一是为促进传统产业改造升级，把经济发展建立在安全生产有可靠保障的基础上，需要设置安全发展类预期指标；二是为提高安全监管监察能力，确保科学监管、依法行政、有效救援，需要设置能力建设类预期指标。

3. 约束性指标值测算

按照《国家“十二五”规划纲要》确定的“单位GDP生产安全事故死亡率下降36%和工矿商贸十万就业人员死亡率下降26%”的目标，《规划》提出到2015年各类事故死亡人数应比2010年下降10%，工矿商贸领域事故死亡人数比2010年下降12.5%。按此要求，分别测算提出煤矿百万吨死亡率、道路交通万车死亡率等其他相对指标的规划值。

按照《国务院关于进一步加强企业安全生产工作的通知》（国发〔2010〕23号）“坚决遏制重特大事故发生”的要求，在分析“十一五”期间事故规律特点的基础上，《规划》提出到2015年较大和重大事故起数比2010年下降15%以上，特别重大事故起数比2010年下降50%以上。

三、主要任务

为了实现《规划》确定的目标，按照事故的源头管理、过程控制、应急救援、调查处理等四个环节，《规划》提出了六项主要任务，旨在健全完善企业安全保障、政府安全监管和社会监督、安全科技支撑、法律法规和政策标准、应急救援、宣传教育培训等安全生产“六大体系”，着力提高企业本质安全水平和事故防范、监察执法和群防群治、技术装备的安全保障、依法依规安全生产、事故救援和应急处置、从业人员安全素质和社会公众自救互救等安全生产 “六个能力”。

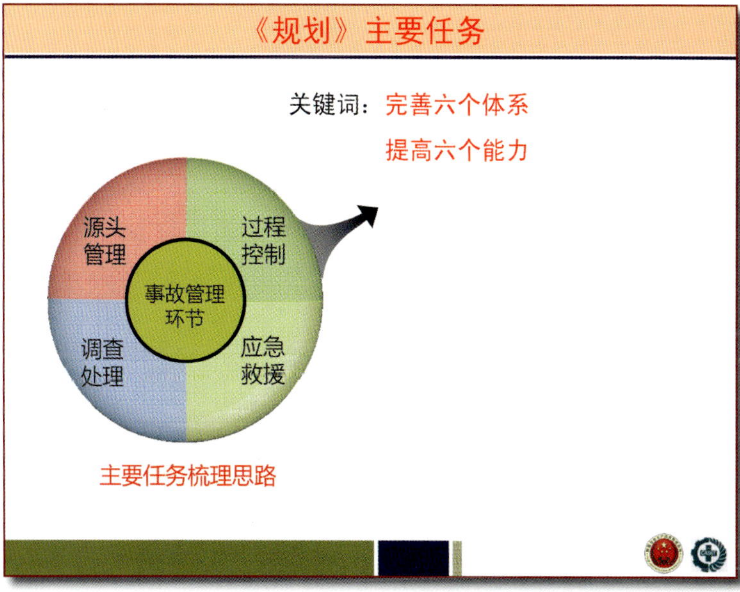

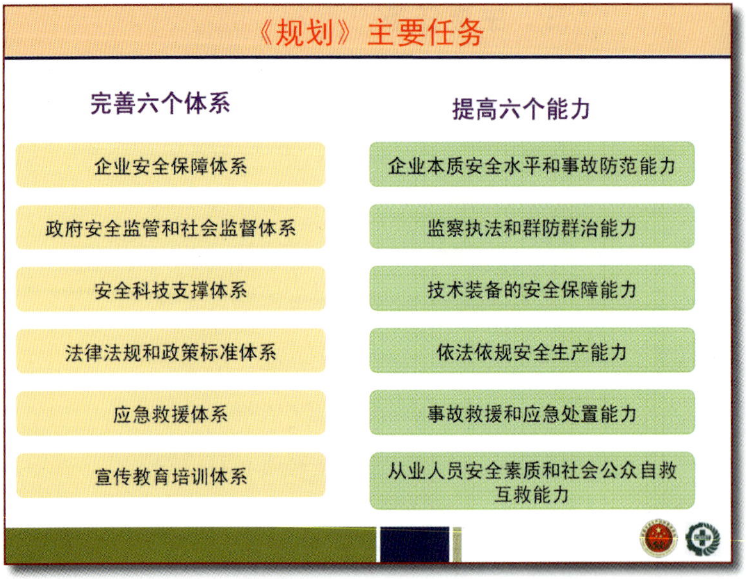

（一）完善安全保障体系，提高企业本质安全水平和事故防范能力

企业是安全生产的主体责任。为此，《规划》把完善安全保障体系，提高企业本质安全水平和事故防范能力摆在主要任务首位。6项主要任务覆盖了煤矿、非煤矿山、危险化学品、烟花爆竹、民爆器材、建筑施工、特种设备、工贸行业、电力、消防安全、道路交通、水上交通、铁路运输、民航运输、农业机械、渔业船舶、旅游、水利、公共安全等行业和领域，涵盖了安全生产工作方方面面，是实现“十二五”时期安全状况持续稳定好转的重要途径。

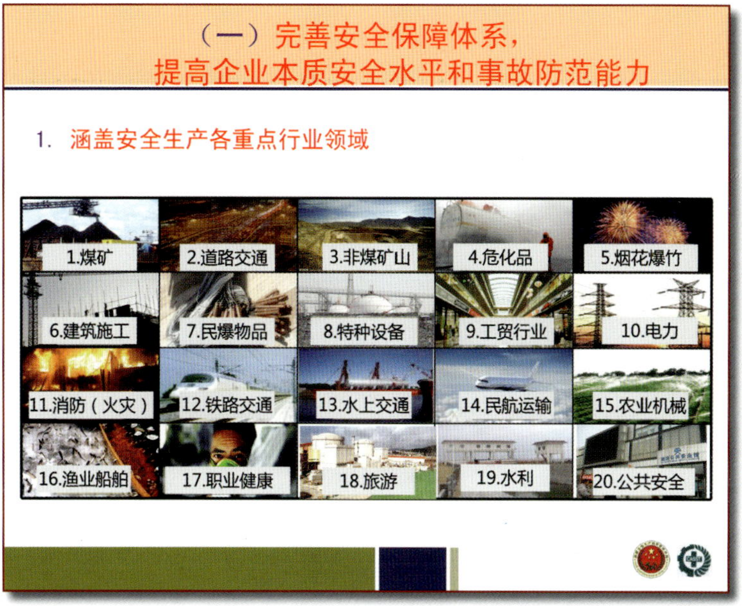

针对不同行业领域安全生产实情不同，其工作重点也不同。对此，《规划》对煤矿、非煤矿山、危险化学品、烟花爆竹、建筑施工、民用爆炸物品、特种设备、电力、工贸行业、消防火灾、道路交通、水上交通、铁路交通、农业机械、渔业船舶、职业危害等行业领域“十二五”时期安全生产工作做了专门安排与部署。

共性的总体要求是：促进规模化和集约化，深化专项整治，强化灾害防治，严格安全许可，淘汰落后工艺技术装备，旨在落实企业主体责任，构建风险防控体系，提高企业本质安全水平和事故防范能力。

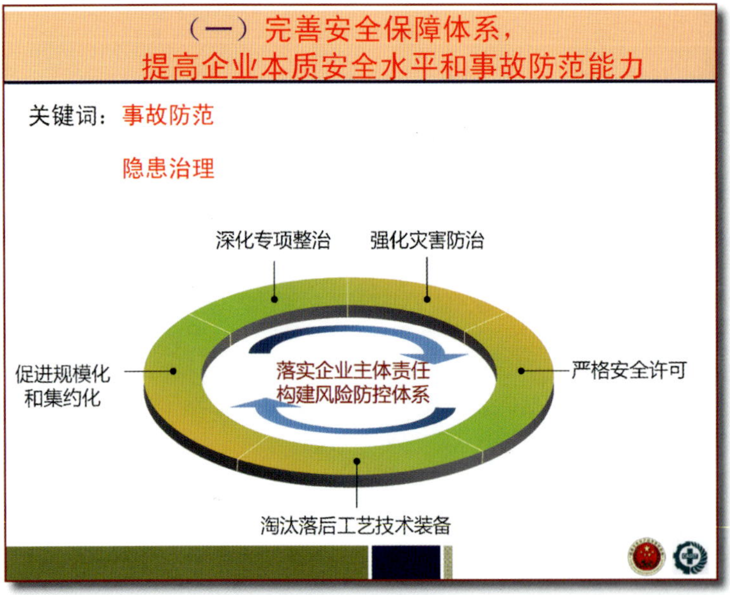

1. 煤矿安全

“十一五”期间，国家确定了煤矿瓦斯治理和整顿关闭两个“攻坚战”的总体战略部署。

一是全面落实煤矿瓦斯治理的各项政策措施，加大了瓦斯抽采力度。2010 年全国煤矿瓦斯抽采量达到 88 亿 m^3，利用量 36 亿 m^3，比 2005 年的 23 亿 m^3 多抽采 65 亿 m^3。

二是大力推进煤矿瓦斯治理示范矿井、示范县（市）“双百工程”建设，目前已建成示范矿井 630 个、示范县 79 个，所有高瓦斯矿井、煤与瓦斯突出矿井和 92.5% 的低瓦斯矿井已建立瓦斯监测监控系统。2010 年瓦斯事故起数和死亡人数分别比 2005 年减少 269 起、1548 人，分别下降了 65% 和 71.3%。

三是集中力量开展了煤矿整顿关闭攻坚战，确立了“整顿关闭、整合技改、管理强矿”三步走战略。“十一五”期间，落实国家投入小煤矿整顿关闭资金 16.25 亿元，累计关闭不具备安全生产条件的小煤矿近 1 万处，淘汰落后产能近 5 亿吨 / 年，超额完成了“十一五”期末将小煤矿数量控制在 1 万处以内的目标任务。全国小煤矿事故死亡人数由 2005 年的 4384 人减少到 2010 年的 1700 人，下降了 61.2%，百万吨死亡率由 2005 年的 5.533 下降到 2010 年的 1.417，下降了 74.4%，小煤矿整体安全生产水平不断提升。

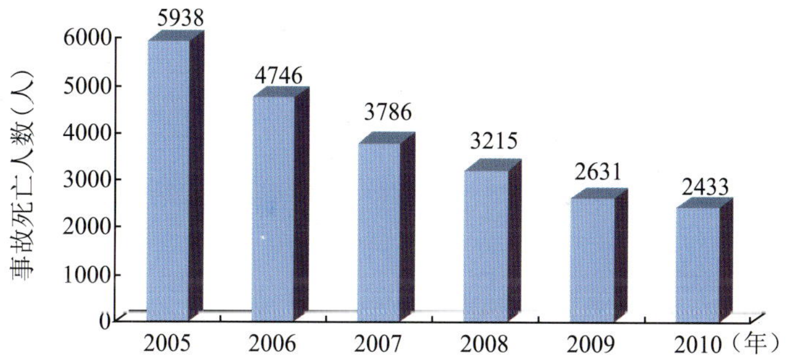

2005—2010 年煤矿事故死亡人数

四是进一步提升了国有重点煤矿现代化和信息化水平，加快推进了中小煤矿机械化水平。2010 年全国采煤机械化程度达到 64% 以上（其中国有重点煤矿采掘机械化程度达到80%以上），比2005年提高19%；安全高效矿井362处,产量10.2亿吨；年产千万吨级煤矿37处，产量4.35亿吨；国有重点煤矿原煤全员效率达到5.413吨/工；一批大型煤矿企业安全生产指标达到世界先进水平。

五是推进煤矿安全质量标准化、安全教育培训、职业健康和班组安全建设，启动了“万名班组长安全培训工程”，推广了“白国周班组管理法”。目前有6000多处煤矿达到省级以上安全质量标准，其中国家级标准化矿井242处；实现安全生产1000天以上矿井达787处（其中周期最长的达到8700天）；累计培训煤矿“三项岗位”人员382.7万人次，全国25万名煤矿班组长已轮训一遍。

“十二五”时期，煤矿安全仍是安全生产工作的重中之重。近年来煤矿事故死亡人数虽呈下降趋势，但重特大事故较多，2006—2010年间共发生煤矿重特大事故149起，仍是社会关注的热点。因而，“十二五”时期，煤矿安全旨在防范遏制重特大事故。在煤矿重特大事故中，瓦斯、水害是重点，2006—2010年发生煤矿瓦斯、水害重特大事故100起。

“十二五”时期，煤矿安全生产的主要任务是遏制煤矿重特大事故。具体要求包括：开展全面、系统、彻底的安全隐患排查治理，防范瓦斯、水害、火灾等重特大事故。完善煤矿安全生产责任体系，强化生产过程管理领导责任；深化煤矿瓦斯综合治理，推进先抽后采、抽采达标，严格落实综合防突措施，完善瓦斯综合治理工作体系；健全灾害监控、预测预警与防治技术体系，狠抓矿井水害、火灾、冲击地压等事故防控技术措施落实；对资源整合矿区实施水文、工程地质补充勘探。治理煤矿火灾隐患；提高矿用产品、设备安全性能。同时，要求将煤矿技术人员配备列入安全准入基本条件，严格煤炭建设、生产领域的企业准入标准；推进煤矿企业安全质量标准化和本质安全型矿井建设，推广应用煤矿井下监测监控系统、人员定位系统、紧急避险系统、压风自救系统、供水施救系统和通信联络系统（简称安全避险“六大系统”），强化安全班组建设等安全基础管理；推动煤矿企业兼并重组和小煤矿整顿关闭，构建安全、

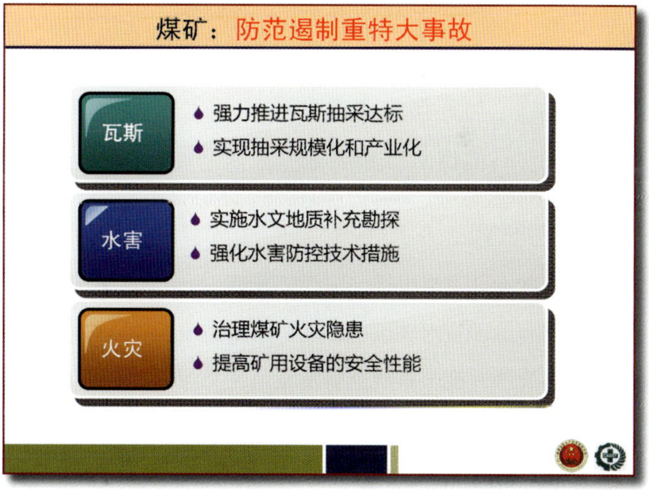

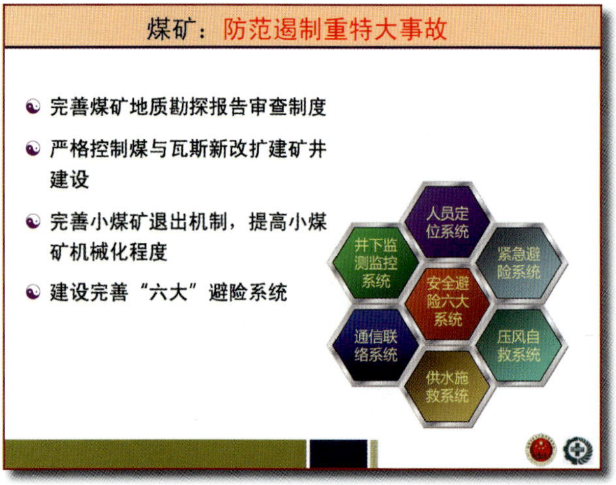

高效的煤炭产业体系；完善煤矿采气权与采矿权协调、小煤矿严格准入与有序退出等机制；小型煤矿采煤、掘进装载机械化程度到2015年底分别达到55%和80%以上；加强煤矿地质勘探报告审查；严格控制新（改、扩）建煤与瓦斯突出矿井建设，“十二五”期间停止核准新建30万吨/年以下的高瓦斯矿井、45万吨/年以下的煤与瓦斯突出矿井项目。此外，《规划》进一步明确了防范煤矿事故的重点地区。

瓦斯治理重点地区：山西、河南、贵州、黑龙江、重庆、四川、湖南。

水害治理重点地区：河北、河南、山西、山东、四川、湖南。

新建技改整合重组监管重点地区：河南、新疆、内蒙古、陕西、甘肃、山西。

2. 道路交通安全

“十一五”期间，道路交通安全工作载体全面创新。在全国部署开展了“平安畅通县区”创建活动，截至2010年底，全国已建成“平安畅通县区”2123个，占全国县区总数的74.2%。深入排查治理道路交通安全隐患，五年来各地共排查治理公路危险路段8.1万余处，城市道路安全隐患4万余处，道路标志标线不全等14.1万余处。开展道路交通动态监管，在旅游包车、三类以上班线客车和危险品运输车辆上安装动态监管系统，自推广以来，因超速导致的重特大事故起数下降了11.1%。开展了一系列集中整治行动，从严查处超速、超员、酒后驾驶、疲劳驾驶、无证驾驶等突出交通违法行为，年均查处超速行驶1900万起、酒后驾驶100万起、无证驾驶320万起，因超速行驶、酒后驾驶等违法行为导致的交通事故年均下降10%以上。

同时，深入开展了校园周边及校车交通安全专项整治行动，校车和涉及学生的道路交通事故年均下降17%；集中开展了交通肇事逃逸案件专项侦破工作，2010年交通肇事逃逸案件侦破率达到87.7%，其中致人死亡案件侦破率达到90.2%。深入开展了道路交通安全宣传教育活动，将道路交通安全纳入了中小学生教学大纲，将道路交通安全法律知识纳入了全民普法教育活动，深入开展了道路交通安全宣传教育活动，将道路交通安全纳入了中小学生教学大纲，将道路交通安全法律知识纳入了全民普法教育活动，深入开展了交通安全宣传进农村、进社区、进企业、进学校、进家庭“五进”活动和“保护生命、平安出行”的交通安全宣传教育工程。

“十一五”期间，道路交通事故死亡人数大幅度下降。但道路交通事故总量仍然较大，重特大事故多发。2010年道路交通事故死亡65225人，占各类事故死亡人数的82%；2006—2010年发生重特大事故151起。其中，营运车辆事故是重点，占道路交通重特大事故总起数的70%。同时，考虑到截至2011年8月底全国机动车保有量达到2.19亿辆，其中汽车保有量首次突破1亿辆（占机动车总量的45.88%），已成为机动车的重要构成部分；11个城市汽车保有量过百万，其中北京已达464万辆；以及“十一五”期间年均查处超速行驶1900万起、酒后驾驶100万起、无证驾驶320万起。

为此，“十二五”时期道路交通安全生产目标是消减事故总量，遏制重特大事故。

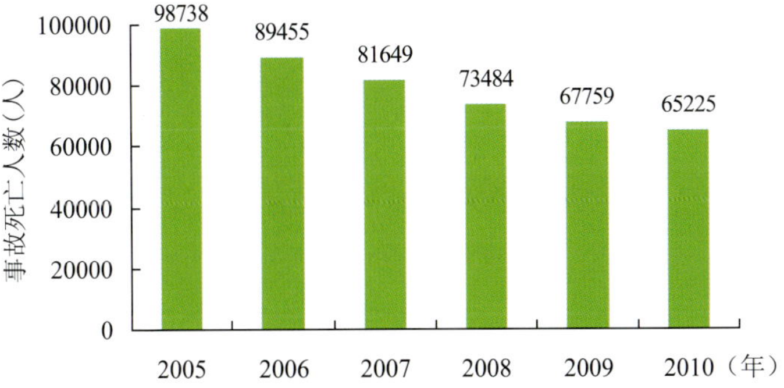

2005—2010 年道路交通事故死亡人数

《规划》总体要求制定道路交通安全战略规划，并从人、车、路三方面提出了具体对策措施，主要包括：制定道路交通安全战略规划。深入推进客运车辆特别是长途客运车辆安全隐患专项整治，从严整治超载、超限、

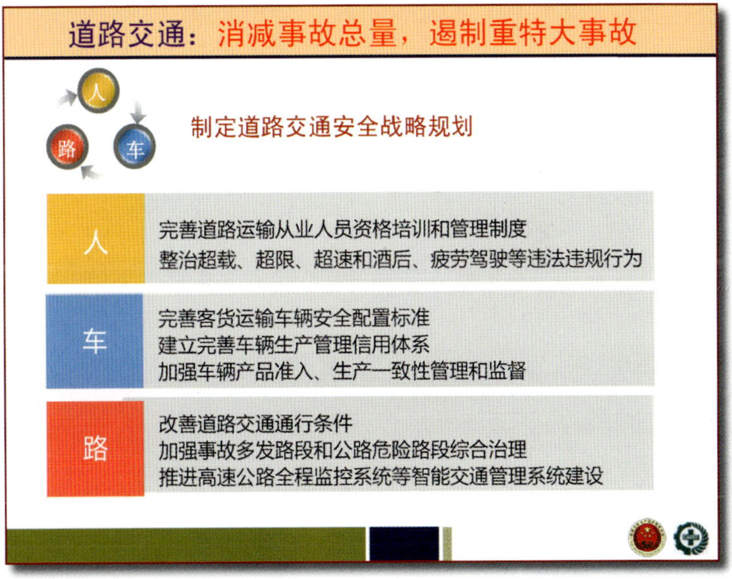

超速、非法载客和酒后、疲劳驾驶等违法违规行为。严格客运线路安全审批和监管，完善道路运输从业人员资格培训和管理制度。开展运输企业交通安全评估。完善客货运输车辆安全配置标准。建立完善车辆生产管理信用体系，加强车辆产品准入、生产一致性管理和监督，提高车辆产品质量和安全性能。改善道路交通通行条件，加强事故多发路段和公路危险路段综合治理。推进高速公路全程监控系统等智能交通管理系统建设。建立农村客运服务和安全管理体系。在公路省际交界处、市际主要交界处建立固定式交通安全服务站。

> 重特大事故控制重点地区：云南、贵州、四川、湖南、广西、西藏、新疆。
>
> 事故总量控制重点地区：广东、浙江、江苏、山东、四川。

3. 非煤矿山安全

“十一五”期间，实施了非煤矿山重点地区专项整治，全面整顿和规范了矿产资源开发秩序，无证勘查开采、矿业权人违法违规行为明显减少。非煤矿山从2005年103762家减少到2010年81399家，下降21.5%，私挖乱采、非法违规开采现象得到一定控制，企业安全生产条件得到有效提升。对危、险、病尾矿库采取和落实了整治措施，落实尾矿库治理专项资金16.06亿元，全国危、险、病尾矿库数量比2005年分别下降85%、84.6%和61.2%，尾矿库治理取得阶段性成效。开展了地下矿山机械通风专项治理，96% 的地下矿山建立了机械通风系统。全国石油天然气企业“十一五”期间未发生重特大事故。

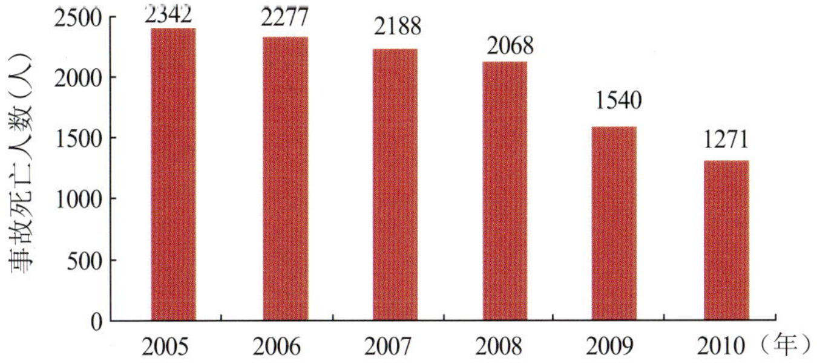

2005—2010 年非煤矿山事故死亡人数

“十二五”时期，《规划》旨在深化安全专项整治。针对小型非煤矿山数量多，截至 2010 年年底，现有非

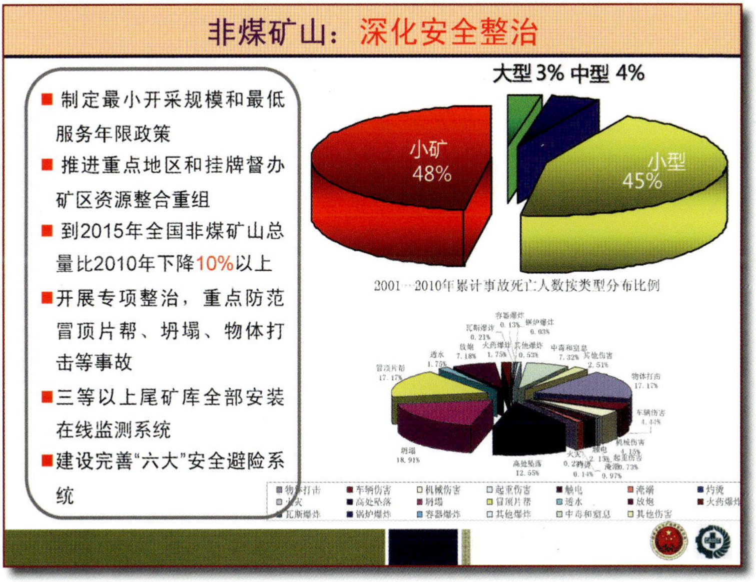

煤矿山 81 399 家，其中小矿 39 072 家，小型 36 630 家，有相当数量的小采石场年产量只有几千吨的现状，《规划》要求制定最小开采规模和最低服务年限政策，推进重点地区和挂牌督办矿区资源整合重组，到 2015 年全国非煤矿山总量比 2010 年下降 10% 以上。针对非煤矿山冒顶片帮、坍塌、物体打击、高处坠落等事故多发问题，要求开展专项整治，重点防范冒顶片帮、坍塌、物体打击等事故，三等以上尾矿库全部安装在线监测系统，建设完善六大安全避险系统。

> 事故控制与资源整合重点地区：云南、河南、湖南、贵州、广西、辽宁。
>
> 重点监管矿种：铁矿、有色金属矿、煤系矿山、“三高”油气田。

4. 危险化学品安全

“十一五”期间，近 60% 的市（地）级地区制定了化工行业安全发展规划。周边安全距离不达标的化工企业搬迁工作取得新进展，到 2010 年底需搬迁的化工企业已有 60% 完成了搬迁或正在搬迁。危险化学品生产经营单位专项整治进一步深化，涉及危险化工工艺的自动化改造工作全面展开，危险化学品道路运输车辆安全监控装置得到推广应用，苏浙沪三地危险化学品道路运输安全监管联控机制及监控体系初步建立。

危险化学品事故人员伤亡不大，但事故后果影响巨大。目前，危险化学品从业单位点多面广，生产经营规模巨大。据不完全统计，全国有危险化学品从业单位33.7万家，其中生产单位2.4万家，经营单位26万家，危险货物运输车辆约10万辆。截至2010年年底，我国一次原油加工总能力已突破5亿吨，达5.12亿吨左右；我国千万吨以上炼化基地已达20个，仅中石化就拥有13个千万吨级炼油基地，全公司炼厂平均规模达到730万吨/年；我国乙烯产量1419万吨，百万吨上以乙烯生产装置已达5套；我国油气管道总长达约7.8万千米，基本形成陆上西北、东北、西南和海上四大能源进口通道的战略格局；石油战略储备和商业储备能力分别达到1.78亿桶和1.68亿桶。同时，随着城镇化进程加快，城市遭“化工炸弹”围城，地下管网交叉建设，底数不清、状况不明问题日益突显。

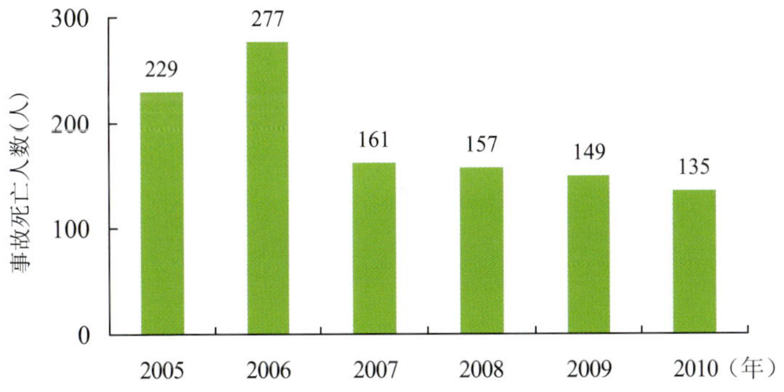

2005—2010年危险化学品事故死亡人数

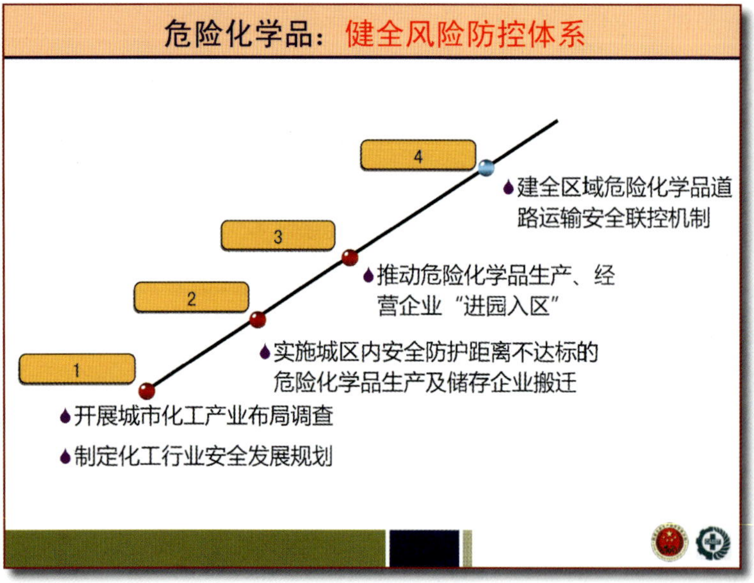

“十二五”时期，危险化学品安全生产旨在健全风险防控体系，要求开展城市化工产业布局调查，制定化工行业安全发展规划，实施城区内安全防护距离不达标的危险化学品生产及储存企业搬迁，推动危险化学品生产、经营企业“进园入区”，健全区域危险化学品道路运输安全联控机制。

事故控制重点地区：江苏、浙江、山东、广东、天津、上海、辽宁。

事故控制重点领域：城区内化学品输送管线、油气站等易燃易爆设施；大型化学品储存设施；大型石化生产装置；国家重要油、气储运设施。

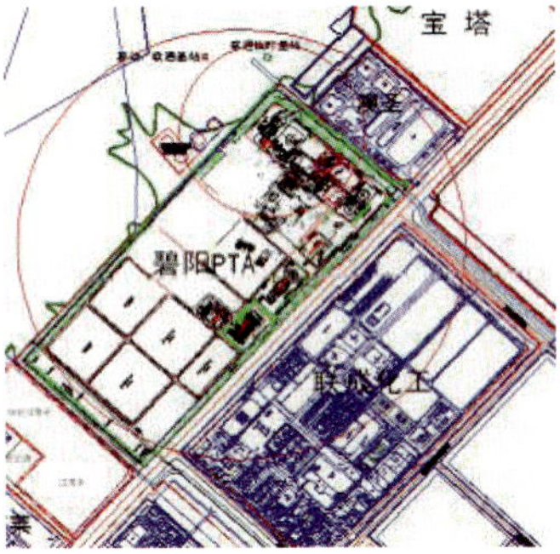

某企业多米诺效应影响范围

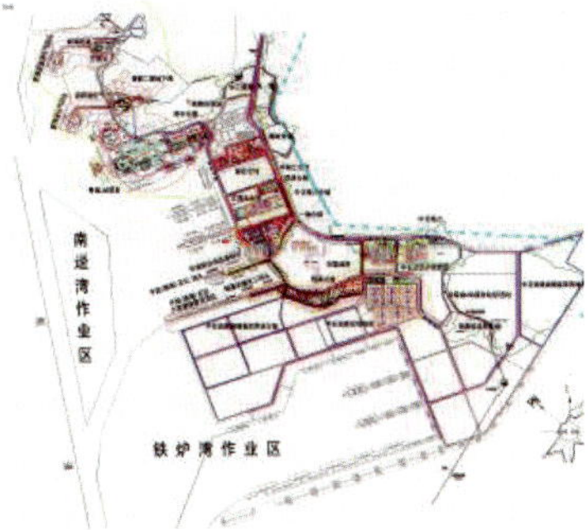

某化工园区区域个人风险图

5. 烟花爆竹安全

“十一五”期间,整顿规范了烟花爆竹生产经营秩序,严厉打击了非法生产经营烟花爆竹行为，淘汰了一批不具备安全生产条件的烟花爆竹生产厂点，取缔了 15769 个非法生产场所，烟花爆竹生产企业安全条件明显改善。开展了“三超一改”（超范围、超定员、超药量和擅自改变工房用途）、氯酸钾和礼花弹专项治理，实施了烟

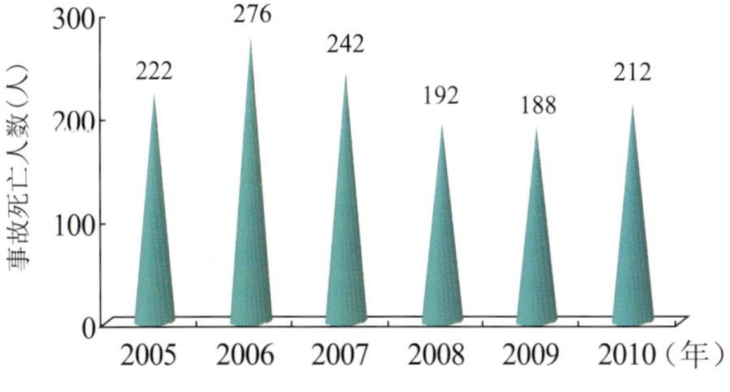

2005—2010 年烟花爆竹事故死亡人数

花爆竹药物安全抽检，初步建立了礼花弹流向管理信息系统。但是，未能实现“十一五”规划要求下降 10% 的目标。

“十二五”时期，《规划》旨在推进烟花爆竹生产工厂化、标准化、机械化、科技化和集约化建设。要求严格安全生产准入条件，到 2015 年，烟花爆竹生产企业数量比 2010 年减少 20% 以上。加强烟花爆竹生产、经营、运输、燃放等各环节安全管理和监督，深化“三超一改”（超范围、超定员、超药量和擅自改变工房用途）等违规生产经营行为专项治理，推进礼花弹等高危产品专项整治，建立烟花爆竹流向管理信息系统。

6. 建筑施工安全

“十一五”期间，开展了以预防高处坠落、施工坍塌等事故为主的建筑施工安全专项整治，排查了 58.8 万个工程项目，对违规项目进行了严肃查处，实施了事故多发地区、安全工作滞后地区专项检查，取缔和打击了

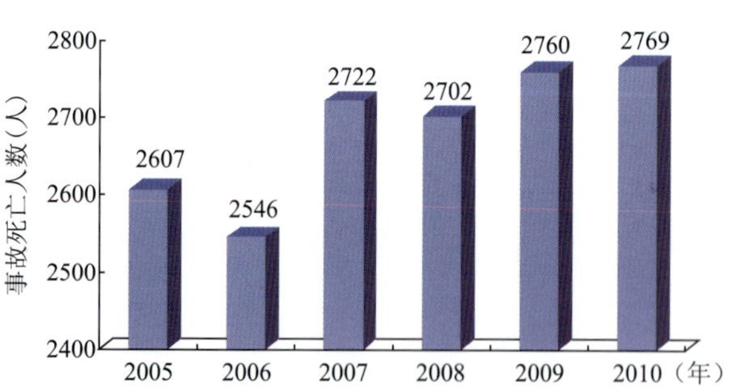

2005—2010 年烟花爆竹事故死亡人数

10603个非法建设施工项目，但建筑施工事故死亡人数有所反弹。

“十二五”时期，《规划》旨在落实建设工程参建各方安全生产主体责任，要求加强工程招投标、资质审批、施工许可、现场作业等环节安全监管，淘汰不符合安全生产条件的建筑企业和施工工艺、技术及装备。重点排查治理起重机、吊罐、脚手架和桥梁等设施设备存在的安全隐患。建立建筑工程安全生产信息动态数据库，健全建筑施工企业和从业人员安全生产信用体系，完善失信惩戒制度。以铁路、公路、水利、核电等重点工程及桥梁、隧道等危险性较大项目为重点，建立完善设计、施工阶段安全风险评估制度。

7. 民用爆炸物品安全

“十二五”时期，《规划》旨在优化民用爆炸物品产品结构和生产布局，要求规范生产和流通领域爆炸危险源的管理，合理控制企业及生产点数量，减少危险作业场所操作人员。推广应用先进适用工艺技术，淘汰落后生产设备和工艺，主要产品的主要工序实现连续化、自动化和信息化。

8. 特种设备安全

特种设备广泛应用于石油、化工、电力、机械、冶金、船舶、交通、轻工、建材、医药等传统工业领域和航天航空等现代工业领域以及人们的日常生活。截至2009

年年底，全国在用特种设备588.6万台，其中锅炉60.9万台，压力容器217.5万台（另有气瓶1.3亿只），压力管道68.5万公里，电梯137.8万台，起重机械135.7万台，客运索道852条，大型游乐设施1.6万台，场（厂）内专用机动车辆35.1万台。特种设备数量年均增长15%左右，承压类特种设备朝大型化、高参数、长周期运行方向发展，机电类特种设备新型式、新技术不断涌现。我国现有各类特种设备生产单位4万多家，作业人员近500万人，安全监察检验人员4万多人。同时，特种设备危险性较大、涉及生命安全，如管理和使用不当，可能造成事故灾难。近些年来，我国年均发生特种设备事故300多起，人员伤亡近千人，经济损失巨大，有的重特大事故还造成人员群死群伤、居民大规模转移、交通干线中断、大范围生产生活受到严重影响、大面积环境污染等灾难性后果。

面对全球经济一体化的新挑战和经济社会又好又快发展的更高要求，特别是特种设备数量快速增长和科技日新月异的新形势，特种设备安全监察工作还存在一些不符合、不适应科学发展的突出问题，需要着力解决。“十二五”时期，《规划》旨在严格市场准入，落实使用单位安全责任，保证安全投入和安全管理制度、机构、人员到位，并要求实施起重机械、危险化学品承压设备等特种设备事故隐患整治，建立重大隐患治理与重点设备动态监控机制；推动应用物联网技术，实现对电梯、起重机械、客运索道、大型游乐设施故障的实时监测，推广应用大型起重机械安全监控系统。

9. 工贸行业安全

“十一五”期间，对冶金、机械等行业安全监管机构设置、人员配置，以及企业基本情况进行了调查摸底，开展了冶金、机械等行业安全生产标准化创建活动，安全生产标准化工作取得新进展。目前冶金、有色、建材、机械行业达标企业已达1773家。开展了一系列监督检查，仅2009年全国61466个冶金、有色企业及部分工业企业发现事故隐患130948项，整改124726项，整改率95.2%。

“十二五”时期，《规划》旨在推进工贸行业安全生产标准化达标。要求实施冶金、有色、建材、机械、轻工、纺织、烟草和商贸等工贸行业事故隐患专项治理，重点开展工业煤气系统使用、高温液态金属生产和工贸行业交叉作业、检修作业、受限空间作业等隐患排查整治；实施自动报警与安全联锁专项改造，提高自动化程度；加强对企业煤气输送、储存、使用等危险区域连续监测监控。

10. 电力安全

“十一五”期间，建立健全了大电网安全风险评估和监控体系，全面开展了发电机组并网安全性评价工作，深入开展了电力安全生产隐患排查治理和电力工程建设施工安全专项整治，实行了水电站大坝安全注册和定期检查，加强了电力可靠性监督管理，基本实现了“三杜绝、三防止、一维护”（杜绝重大以上电力生产人身伤亡，杜绝电网大面积停电，杜绝电厂垮坝事故的发生；防止重大以上环境污染，防止主设备严重损坏，防止对社会造成重大影响事故的发生；维护电力系统安全稳定运行）的电力安全生产目标。

“十二五”时期，《规划》旨在完善处置电网大面积停电应急体系，提高电力系统应对突发事件能力。要求加强电力调度监督与管理，加强厂网之间协调配合；扎实开展电力安全生产风险管理和标准化建设，加强新能源发电监督管理，确保电力系统安全稳定运行和电力可靠供应；加强核电运营安全监管，落实安全防范措施；对已投入运行20年以上的水电站全面开展隐患排查，加强水电站大坝补强加固和设备更新改造。

11. 消防（火灾）安全

“十一五”期间，国务院安委会部署开展了火灾隐患普查整治工作，公安部建立了有关部委司局级消防工作联席会议制度，会同中央综治办、住房城乡建设部、教育部、文化部、工商总局、安全监管总局、文物局等有关部委局持续开展了人员密集、易燃易爆、高层地下、文物古建筑、在建工程及“三合一”场所（企业员工宿舍与生产作业、物资存放的场所相通连）消防安全专项整治和构筑社会消防安全“防火墙”工程建设，实行重大火灾隐患省、市、县三级政府挂牌督办制度，累计整治各类火灾隐患951.2万处，有效改善了社会消防安全环境。不断加强城镇公共消防设施建设、多种形式消防队伍建设，推进消防宣传教育和农村消防工作，开展打造公安消防铁军活动，城乡火灾防控能力明显提高。

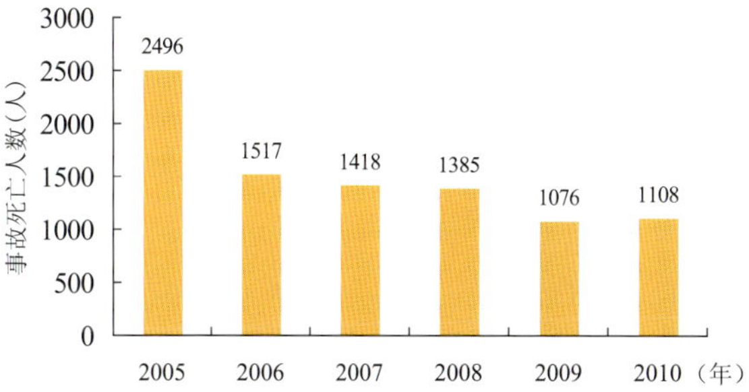

2005—2010年消防（火灾）事故死亡人数

“十二五”时期，《规划》旨在推进构筑社会消防安全“防火墙”工程。要求推动消防规划纳入当地城乡规划，加强消防站、消防供水、消防通信、消防车通道等公共消防设施建设；落实新（改、扩）建工程消防安全设计审核、消防验收或备案抽查制度；实施消防安全专项治理行动，整治易燃易爆单位、人员密集和“三合一”场所（企业员工宿舍与生产作业、物资存放的场所相通连）、高层建筑、地下空间火灾隐患；完善相关消防技术标准，严禁违规使用易燃、可燃建筑外墙保温材料；根据国家标准配备应急救援车辆、器材和消防员个人防护装备。

12. 铁路交通安全

“十一五”期间，强化了铁路道口综合治理，整治了道口设备设施，全面推进了铁路道口平交改立交，2006 年以来全路道口平交改立交完成 1858 处，道口数量大幅减少。开展了危险货物运输安全监控系统推广应用，初步实现了办理站与局、部的三级危险货物运输安全监控系统联网。

2005—2010 年铁路交通事故死亡人数

目前，我国铁路建设正处于大建设大发展时期，现已建成投产的高铁营业里程为 5903 公里，在建高铁有 1.2 万公里，已批可研等待开工的项目 8 个。根据 2004 年批准、2008 年调整后的《中长期铁路网规划》，到 2020 年全国铁路营业里程达到 12 万公里以上，建设客运专线 1.6 万公里以上。

“十二五”时期，发展高速铁路，确保高速铁路安全是首要任务。为此,《规划》旨在强化高新技术条件下铁路运输安全风险管控。要求加强高速铁路运营安全监管和设备质量控制，强化高速铁路安全防护设施和防灾监测系统建设；深入开展高速铁路运输安全隐患治理，重点对线路、车辆、信号、供电设备以及制度和管理等进行全方位排查；严厉打击危害高速铁路运输安全的非法违法行为；到2015年，危险性较大的铁路与公路平交道口全部得到改造；开展路外安全宣传教育入户活动；严格铁路施工安全管理，整治铁路行车设备事故隐患，强化现场作业控制，深化铁路货运安全专项整治。

13. 水上交通安全

“十一五”期间，开展了低质量船舶、渡口渡船、防船舶碰撞、防泄漏、砂石运输船舶等专项整治。推进了渡改桥和渡口改造，已改造农村渡口4830处、渡改桥1058座，农村渡口安全得到有效改善。实施了老铁

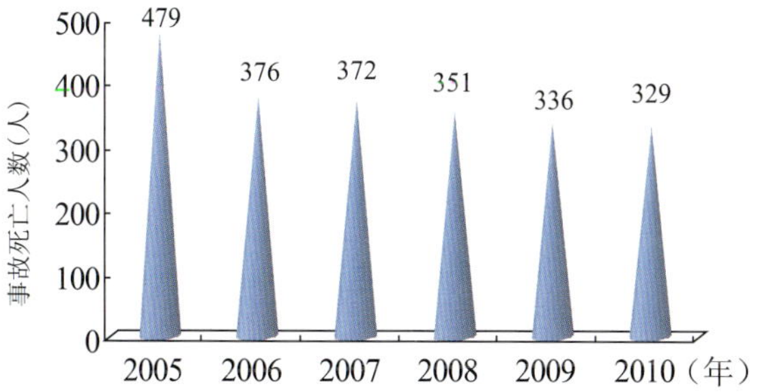

2005—2010年水上交通事故死亡人数

山水道、琼州海峡、青岛海域、长江口等沿海、内河水域船舶定线制。

“十二五”时期，《规划》旨在开展重点水域、船舶和时段以及重要基础设施安全综合治理。要求加强水路交通安全监管基础设施和港口保安设施建设；推进现有港口、码头的安全现状评价；强化运输船舶和码头、桥梁建设及通航水域采砂等水上水下施工作业的安全监管；推进内河主要干线航道、重要航运枢纽、主要港口及地区性重要港口监测系统建设；完善船舶自动识别、船舶远程跟踪与识别、长江干线水上110指挥联动等系统，加快内河船岸通信、监控系统建设；实施渡改桥工程。加强内河海事与搜救一体化建设；严厉查处农用船、自用船、渔船非法载客等行为。

14. 民航运输安全

“十一五”期间，开展了航空公司运行控制能力薄弱、机场控制区秩序混乱、违规运输危险品、飞行冲突等专项整治，促进了企业由被动整改向主动治理的逐步转变，一些影响民航安全的突出问题得到初步解决和控制。加快了空管设施建设，航班流量大和边远地区的飞行指挥、监控能力有较大提高。

“十二五”时期，《规划》旨在实施民航航空安全方案，推进航空安全绩效管理。要求建立空勤人员、空中交通管制员体检鉴定体系和健康风险管理体系；建立航空安保威胁评估机制。研究实行航空货运管制代理人制度；整体规划适航审定能力建设方案。建立航空安保岗位资格认证机制与培训体系；加强飞行、机务、空管、签派等人员的专业技能教育培训；建设航空安全实验基地，提高航空运行、适航维修、航空保安和事故调查分析等实验验证能力。

15. 农业机械安全

“十一五”期间，开展了拖拉机登记和驾驶证申领专项整治工作，统一了拖拉机、联合收割机及驾驶员牌证办理业务。开展了创建“平安农机”活动，推动了农机安全管理长效机制建设。加大了对农机监理执法、考试、检验、事故处理等主要业务岗位人员的培训和管理力度，农机安全监管能力不断提高。

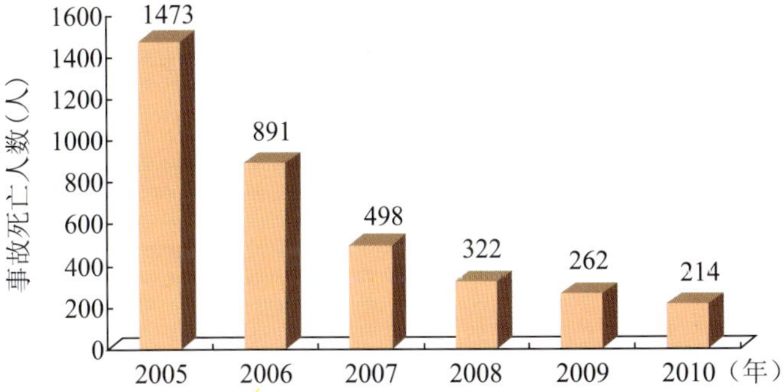

2005—2010 年农业机械事故死亡人数

“十二五”时期，《规划》旨在完善农业机械安全监督管理体系。要求加强安全监理设施和装备建设，加大安全投入，保障安全监理工作需要；强化拖拉机、联合收割机注册登记、牌证核发和年度检验；推广应用移动式农机安全技术检测和农机驾驶人考试装备；加快建立农机市场准入、强制淘汰报废和回收管理制度，推进对危及人身财产安全的农业机械进行免费实地安全检验；创建500个以上“平安农机示范县”。探索开展农机政策性保险，鼓励支持农机安全互助组织有序发展。

16. 渔业船舶安全

“十一五”期间，开展了“平安渔业”、“文明渔港”创建活动，检查治理渔船45万余艘。加强了各类渔业船舶、船用产品、生产机械设备的安全检测检验，实施了老旧渔业船舶退役制度，渔船适航能力有所提高。建立健全了渔业船员培训常态化机制，启动了10万海洋机动渔船船东船长安全管理培训，渔业船员专业技能培训首次纳入“农村劳动力转移培训阳光工程”，向基层免费发送10万套《安全生产警钟长鸣——渔业安全宣传片》，开展了渔船救生与通信设备配备试点，渔民自救互救能力有所增强。在全国50多万艘小型近海渔船上推广使用渔业CDMA移动通信终端设备，解决了近海小渔船的通信问题。推广渔船安装防碰撞系统，有效遏制渔船与商船碰撞事故。

“十二五”时期，《规划》旨在强化渔船、渔港安全

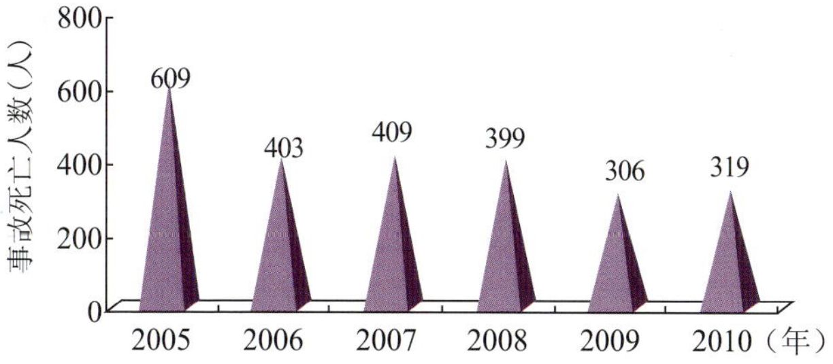

2005—2010年渔业船舶事故死亡人数

基础设施管理。要求推进重点水域渔船和渔港监控系统建设；加强渔业航标、渔港监控设备等建设；推进渔船自动识别系统建设，加强渔船通信终端设备配备；推进渔船标准化建设，鼓励渔民更新改造老旧渔船，实行渔业船舶、船用产品、专用设备报废制度；加强渔业船员培训基地建设；实施渔船安全救生设备补助项目，推广应用气胀式救生筏等装备，实现沿海中型以上渔船救生设备应配尽配。

17. 职业健康

“十一五”期间，开展了粉尘与高毒物品危害治理专项行动，共有166479家企业进行了自查自改，查出问题和隐患588977项，其中已整改521182项，列入整改计划61327项，落实资金158168万元。各级安全监管部门对152013家企业进行了检查复查，发现问题和隐患442339项，责令当场改正313002项、限期改正106857项，行政罚款2995万元，责令停产整顿2714家，提请关闭341家。组织检测机构深入企业作业场所进行了检测调研，在掌握第一手资料的基础上，开展了石英砂加工企业、木质家具制造企业、石棉矿山与石棉制品企业职业危害治理工作，有针对性地提出了治理目标和任务，职业危害专项整治工作逐步深入。

但随着经济的快速发展，职业危害已成为影响职工生命健康的突出问题。据不完全统计，全国有50多万个厂矿存在不同程度的职业危害，实际接触粉尘、毒物和噪声等职业危害的职工高达2500万人以上。卫生部办公厅2009年5月发出的《关于2008年全国职业卫生监督管理工作情况的通报》（卫办监督发〔2009〕86号）指出，新中国成立以来至2008年年底，累计报告职业病共704602万例，其中，尘肺病病例达638234例。2008年新发各类职业病13744例，其中尘肺病10829例；新发职业病病例数列前3位的行业依次为煤炭、有色金属和建筑行业，分别占总病例数的39.81%、13.05%和6.90%。

根据2008年通报的数据分析，我国职业病危险形势依然十分严峻。一是尘肺病发病率居高不下，群发性尘肺病时有发生，发病工龄缩短。二是职业中毒呈现行业集中趋势。急性职业中毒以一氧化碳、氯气和硫化氢中毒最为严重，主要分布在化工、煤炭、冶金等行业。慢性职业中毒以铅及其化合物、苯和二硫化碳中毒较为严重，主要分布在有色金属、机械、化工等行业。三是中小企业职业病发病率高。超过半数的职业病病例分布在中小企业，特别是69.85%的慢性职业中毒病例分布在中小企业。近年来，用人单位职业健康监护等职业病防治管理工作虽然有所加强，但是，总体上职业病防治管理水平与职业病防治法律法规要求相比仍有较大差距，用人单位的职业健康监护覆盖率、建设项目职业卫生审查率和职业卫生监督检查力度都还有待进一步提高。

“十二五”时期,《规划》旨在强化职业危害监督管理。要求开展作业场所职业危害普查；加强职业危害因素监测检测；建立完善职业健康特殊工种准入、许可、培训等制度；建立重点行业（领域）职业健康检测基础数据库；开展粉尘、高毒物质危害严重行业（领域）专项治理；到2015年，新（改、扩）建项目职业卫生“三同时”（同时设计、同时施工、同时投产和使用）审查率达到65%以上，用人单位职业危害申报率达到80%以上，工作场所职业危害因素监测率达到70%以上，粉尘、高毒物品等主要危害因素监测合格率达到80%以上，工作场所职业危害告知率和警示标识设置率达到90%以上，重大急性职业危害事件基本得到控制，接触职业危害作业人员职业健康体检率达到60%以上；强化职业危害防护用品监管和劳动者职业健康监护，严肃查处职业危害案件。

对于旅游、水利、公共安全等行业领域，《规划》均有统筹部署，要求全面加强旅游、水利工程等各行业（领域）安全生产工作，及时排查整治安全隐患，全面加强人员密集场所、大型群众性活动的安全管理，严防各类事故发生。

（二）完善政府安全监管和社会监督体系，提高监察执法和群防群治能力

政府监管是安全生产工作的关键。系统完善的安全生产法律法规体系，必须依靠强有力的监管，才能具有权威性。国外发达国家职业安全健康监管实践经验表明，权威高效的安全监管体系，是有效保障职业安全与健康法规和相关技术标准得到准确、全面贯彻实施，并使所有从业人员的人身安全与健康得到最大限度保证的体系。

“十一五”期间，安全监管监察体制改革取得明显成效，初步建立了分级属地管理的安全生产综合监管体制和中央垂直管理的煤矿安全监察体制，为安全监管监察提供了强有力的体制和支撑保障。但由于安全监管监察队伍组建时间短，安全监管网络不健全，安全监管执法人员业务素质有待提高，执法部门基础设施建设滞后、装备不足，依靠行政管制、人盯死守的传统监管监察方式和手段，已不适应安全生产监管监察新形势新要求。

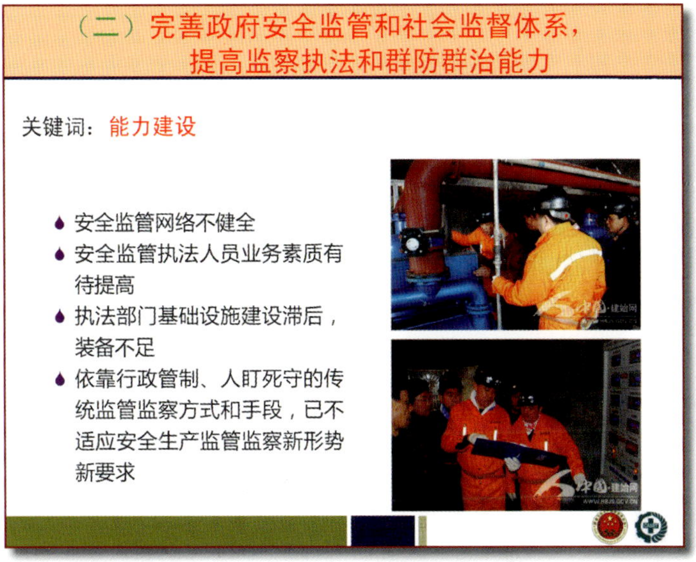

《规划》从体制、队伍、工作条件、信息化、方式、监督等方面提出了健全安全生产监管监察体制、建设专

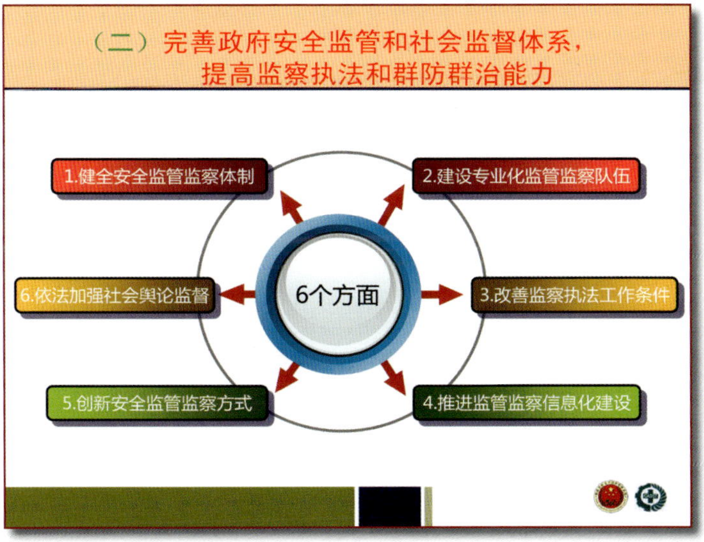

业化安全监管监察队伍、改善安全监管监察执法工作条件、推进安全生产监管监察信息化建设、创新安全监管监察方式、依法加强社会舆论监督等6方面的对策措施，明确“十二五”时期完善政府安全监管和社会监督体系的工作重点。

1. 健全安全生产监管监察体制

“十一五”期间，进一步理顺了综合监管与专业监管、安全监管与行业管理、不同层级监管的职责关系。健全了煤矿安全生产责任体系，煤矿安全国家监察和地方监管职责更加明晰。加强了基层安全监管体制建设，国家、省、市、县四级安全监管网络架构和安全生产应急管理（救援指挥）体系基本建立，“政府统一领导、部门依法监管、企业全面负责、群众参与监督、全社会广泛支持”的安全生产工作格局和“国家监察、地方监管、企业负责”的煤矿安全生产工作格局初步形成。同时，健全了各级安全生产委员会及其办公室的综合协调机制，完善了煤矿整顿关闭、尾矿库专项整治、道路交通安全、危险化学品安全生产监管等多个领域的部际联席会议制度，以及安全监管监察部门与有关部门协调沟通等制度，建立完善了地方政府统一领导、相关部门和公检法、纪检监察机关共同参与的联合执法机制，安全生产行政执法的权威性和有效性得到提升。

有关安全生产监管监察体制的重要文件

序号	文件名称	文号
1	关于职业卫生监管部门职责分工的通知	中央编办发〔2010〕104号
2	关于印发《国务院安全生产委员会成员单位安全生产工作职责》的通知	安委〔2010〕2号
3	关于调整国家安全生产监督管理总局煤矿安全监察系统机构编制的批复	中央编办复字〔2009〕114号
4	关于国家煤矿安全监察系统事业单位机构编制的批复	中央编办复字〔2009〕140号
5	关于调整国务院安全生产委员会组成人员的通知	国办发〔2009〕1号
6	关于印发国家安全生产监督管理总局内设机构主要职责处室设置和人员编制规定的通知	安监总办〔2009〕27号
7	关于印发国家煤矿安全监察局内设机构主要职责处室设置和人员编制规定的通知	安监总办〔2009〕28号
8	关于调整国务院安全生产委员会组成人员的通知	国办发〔2008〕55号
9	关于印发国家安全生产监督管理总局主要职责内设机构和人员编制规定的通知	国办发〔2008〕91号
10	关于印发国家煤矿安全监察局主要职责内设机构和人员编制规定的通知	国办发〔2008〕101号
11	关于印发国家煤矿安全监察局内设机构主要职责处室设置和人员编制规定的通知	安监总办〔2007〕12号
12	关于调整安全监管总局和煤矿安监局机构编制的批复	中央编办复字〔2006〕150号
13	关于加强煤炭行业管理有关问题的意见	国办发〔2006〕49号
14	关于印发国家安全生产应急救援指挥中心内设机构主要职责处室设置和人员编制规定的通知	安监总办〔2006〕7号
15	关于安全生产应急救援办公室（调度统计司）主要职责等有关事项的通知	安监总厅〔2006〕93号

2006–2010 年间建立健全的安全生产工作机制

序号	工作机制名称	备注
1	煤矿整顿关闭工作部际联席会议制度	国函〔2006〕3号
2	危险化学品安全生产监管部际联席会议制度	国函〔2007〕36号
3	重特大生产安全事故责任追究沟通协调工作部际联席会议制度	国函〔2007〕86号
4	全国道路交通安全工作部际联席会议制度	
5	环渤海经济圈七省（自治区、直辖市）危险化学品安全监管联控机制	2010-10-20
6	与环境保护部建立应急联动工作机制	2009-12-18
7	与中国地震局建立应急联动工作机制	2009-02-05
8	与中国气象局建立气象灾害预警工作机制	2008-01-07
9	与中国海洋局建立海洋灾害预警工作机制	2008-01-07
10	苏浙沪危险化学品道路运输安全监管联控机制	安委办函〔2006〕61号
11	泛珠三角区域安全生产合作机制	2006-10-26
12	安全监管总局、发展改革委、国土资源部和环保总局四部联合成立尾矿库专项整治行动工作协调小组	安监总管一〔2007〕112号
13	国家安全生产应急救援联络员会议制度	安委办〔2009〕11号

“十二五”时期，《规划》要求完善安全生产综合监管与行业管理部门专业监管相结合的工作机制。健全国家监察、地方监管、企业负责的煤矿安全工作体系。完善煤矿安全监察机构布局。落实地方各级人民政府安全

生产行政首长负责制和领导班子成员安全生产“一岗双责”制度。强化基层安全监管机构建设，建立健全基层安全监管体系。积极推动经济技术开发区、工业园区、大型矿产资源基地建立完善安全监管体系。研究建立与道路里程、机动车增长同步的警力配备增加机制。

2. 建设专业化安全监管监察队伍

安全监管监察机构建设逐步推进。到2010年已实现省、市两级安全监管机构全覆盖，96.6%（2760个）的县级已设立专门的安全监管机构，三级安全监管部门人员编制48338名，实有人数54124名；全国20个省（区、市）、275个市地（占82.6%）、2056个县区（71.9%）成立了安全生产监察执法机构，三级执法机构共计2351个，人员编制20969名，实有人数19847名。全国40858个乡镇（街道）安全监管机构和执法队伍现有专职人员57577名，兼职人员46318名，聘用人员8242名，乡镇（街道）安全监管人员共计107753名。在重点产煤区域新增5个省级煤矿安全监察机构和7个区域煤矿安全监察分局，到2010年年底全国设有25个省级煤矿安全监察局和78个区域煤矿安全监察分局，共有行政编制2762名。建筑、特种设备、电力、消防、道路交通、水上交通、铁路交通、民航运输、农业机械、渔业船舶等重点行业（领域）安全监管监察组织网络与体系不断完善，安全监管监察队伍进一步壮大。

县级以上地方安全监管部门及执法机构人员编制对比表

类别		2005年12月	2010年12月
安全生产监管部门	人员编制	34641	48338
	实有人数	37510	54124
安全生产执法机构	个数	1077	2351
	人员编制	6923	20969
	实有人数	6420	19847
总数	人员编制	41564	69307
	实有人数	43750	73971

“十一五”期间，安全监管监察系统组织实施了安全监管监察人员执法资格培训，开展了煤矿、非煤矿山、危险化学品、烟花爆竹、职业卫生、应急管理等专题业务培训。五年累计培训安全监管监察人员17.4万人次，其中：省、市、县三级安全监管机构（含执法队）中92.9%（67157人）的人员经执法资格培训取得执法证，

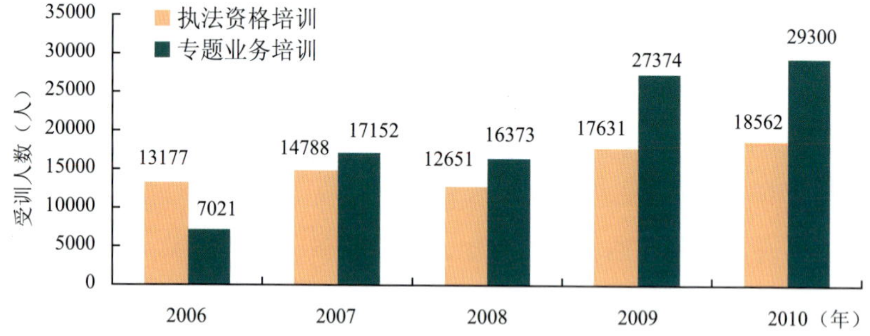

2006—2010年安全监管监察人员培训情况

85.7%（61970人）的人员参加过专题业务培训；煤矿安全监察机构中97.7%（2634人）的人员经培训取得执法证，80.3%（2380人）的人员参加过专题业务培训。

鉴于安全生产监管监察工作专业性强、技术要求高的特点，“十二五”时期，《规划》要求完善安全监管监察执法人员培训、执法资格、考核等制度，建立以岗位职责为基础的能力评价体系。严格新增执法人员专业背景和选拔条件。建立完善安全监管监察实训体系，开展安全监管监察执法人员全员培训。到2015年，各级安全监管监察执法人员执法资格培训及持证上岗率达到100%，专题业务培训覆盖率达到100%。

国家安全生产监管监察执法实训基地建设：目前，国家安全监管总局计划建设华北、中南和西南3个国家安全生产监管监察执法实训基地，重点开展安全监管监察执法人员高危行业（领域）安全生产知识更新教育及现场实操实训，使执法人员具备熟练掌握适应岗位职责要求的业务知识和现场监管监察工具使用的技能，规范监察执法行为，提升监察执法科技含量，增强监察执法工作针对性。

3. 改善安全监管监察执法工作条件

“十一五”期间，各级安全监管部门和煤矿安全生产监察机构基础设施和执法装备条件逐渐改善。省、市、县三级安全监管部门分别建设基础设施6万m^2、26.53

万 m^2 和 68.23 万 m^2，配置监管执法用车 292 辆、1316 辆和 4655 辆（分别为 1 辆 /7 人、1 辆 /6 人和 1 辆 /8 人），以及若干非煤矿山、危险化学品、烟花爆竹与职业危害检测设备。同时，国家加强了煤矿安全监察机构基础设施和装备配备，建设完善了办公业务用房，配置了执法装备，执法条件得到较好保障。其中，18 个省级煤矿安全监察机构由原煤炭行业管理部门划转办公业务用房 8.35 万 m^2；6 个省级煤矿安全监察机构及 71 个区域煤矿安全监察分局由国家投入建设办公业务用房 11.1 万 m^2；各级煤矿安全监察机构累计配备执法车辆 788 台，办公设备 24600 台（套），执法监察装备 8200 台（套）。

"十二五"时期，《规划》要求推进安全监管部门和煤矿安全监察机构工作条件标准化建设。到 2015 年，东部省、市、县三级安全监管部门工作条件建设 100% 达到标准配置，中西部 100% 达到基本配置，省级和区域煤矿安全监察机构达标率达到 100%。改善一线交通警

安全生产监管监察部门工作条件建设标准：为有效推动安全生产监管执法能力建设，国家安全监管总局组织制定了全国统一的安全监管部门基础设施建设和装备配备的标准，主要包括：安全监管部门工作条件建设标准、煤矿安全监察机构工作条件建设，省级安全监管部门支撑机构工作条件建设标准、省级煤矿监察机构直属事业单位工作条件建设标准。

察执勤条件，将高速公路交通安全管理设施及执勤配套设施建设纳入高速公路建设体系。加强农机安全管理机构基础设施及装备建设。

4. 推进安全生产监管监察信息化建设

安全生产信息网络基本建立。国家安全监管总局组织实施了安全生产信息系统一期工程，建成覆盖国家安全监管总局和国家煤矿安监局机关、32 个省级和 116 个地市级及其 900 个县级安全监管部门、24 个省级煤矿安监局和 73 个煤矿安监分局的骨干网络系统、视频会议系统、IP 电话和远程培训系统；建成了 16 个业务系统和 10 个数据库，基本构建了安全生产监督管理、煤矿安全监察、安全生产应急救援指挥机构的安全生产信息化的应用支撑平台。建筑事故快报系统和建筑施工企业许可信息管理系统建成使用。特种设备使用环节信息化网络基本建立。全国道路交通事故信息系统不断完善。海事信息网络基本建成，船舶动态管理系统应用范围进一步扩大。铁路全路综合移动通信系统逐步建立。民用航空安全综合管理信息系统初步构建。农机安全监督管理信息系统正在建设，渔业安全通信网已形成。

“十二五”时期,《规划》要求建成覆盖各级安全监管、煤矿安全监察和安全生产应急管理机构的信息网络与基础数据库。加强特种设备安全监管信息网络和交通运输安全生产信息系统建设。加快建设航空安全信息分析中心，建立民航安全信息综合分析系统。完善农机安全生产监管信息系统。推进海洋渔业安全通信网、渔船自动识别与安全监控系统建设。

5. 创新安全监管监察方式

近年来，由于现场执法装备落后，监管监察人员有时只能凭经验，靠眼看、耳听、手摸等查找事故隐患和确定事故性质，缺乏科学性和准确性，执法争议和行政复议事件呈增多趋势，给维护监管监察队伍的稳定带来不利的影响。为此，安全监管监察工作必须改变当前行政管制、人盯死守的传统监管监察方式和手段，通过依靠科技手段，提高监管监察工作的科学化、效能化、标准化和信息化水平，遏制生产安全事故，减少人民群众生命财产损失，提高政府公信力和执行力。

“十二五”时期，《规划》要求健全完善重大隐患治理逐级挂牌督办、公告、整改评估制度。推进高危行业企业重大危险源安全监控系统建设，完善重大危险源动态监管及监控预警机制。实施中小企业安全生产技术援助与服务示范工程。强化安全生产属地监管，建立分类分级监管监察机制。把符合安全生产标准作为高危行业企业准入的前置条件，实行严格的安全标准核准制度。推进建立非矿用产品安全标志管理制度。完善高危行业从业人员职业资格制度。健全工伤保险浮动费率确定机制。完善安全生产非法违法企业“黑名单”制度。建立与企业信誉、项目核准、用地审批、证券融资、银行贷款等方面挂钩的安全生产约束机制。

6. 依法加强社会舆论监督

“十二五”时期，《规划》要求发挥工会、共青团、妇联等人民团体的监督作用，依法维护和落实企业职工安全生产知情权、参与权与监督权。拓宽和畅通安全生产社会监督渠道，设立举报信箱，统一和规范“12350”安全生产举报投诉电话，实行安全生产信息公开。发挥新闻媒体舆论监督作用，强化舆论反映热点问题跟踪调查。鼓励单位和个人举报安全隐患和各种非法违法生产经营建设行为，完善有效举报奖励制度。

（三）完善安全科技支撑体系，提高技术装备的安全保障能力

科技是安全生产工作的基本保障。确保传统的高风险产业安全，改变安全生产高风险的经济发展模式，应对复杂开放的安全生产系统，建立强有力的监管监察体系，必须依靠安全科技。

针对影响和制约安全生产的一些关键问题尚未取得突破、安全生产技术装备水平与科技成果转化率低、安全科技研发与技术支撑平台能力建设相对滞后、安全科技对提升监管监察能力的支持较弱等问题，围绕推动安全科技创新和发挥科技支撑保障作用要求，《规划》梳

（三）完善安全科技支撑体系，提高技术装备的安全保障能力

关键词：科技兴安

安全科技整体水平不高，对安全生产的引领支撑作用未得充分发挥

- 影响和制约安全生产的一些关键问题尚未取得突破
- 安全生产技术装备水平，科技成果转化率低
- 支撑安全科技研发的检测检验能力、试验能力、技术支撑平台能力建设相对滞后
- 安全科技对提升监管监察能力的支持较弱

（三）完善安全科技支撑体系，提高技术装备的安全保障能力

推动安全科技创新

- 加强安全生产科学技术研究
- 强化安全专业人才队伍建设
- 完善安全生产技术支撑体系

发挥科技支撑保障作用

- 推广应用先进适用工艺技术与装备
- 促进安全产业发展
- 推动安全生产专业服务机构规范发展

理提出加强安全生产科学技术研究、强化安全专业人才队伍建设、完善安全生产技术支撑体系、推广应用先进适用工艺技术与装备、促进安全产业发展、推动安全生产专业服务机构规范发展等六方面任务。

1. 加强安全生产科学技术研究

近年来，安全科技研发取得新进展。“十一五”期间由国家安全监管总局负责组织的国家科技支撑计划项目，由“十五”期间的2个项目11个课题增加到11个项目61个课题，国拨经费由“十五”期间的5700万元增加到2.64亿元，着力推动了煤矿、危险化学品、交通运输等行业（领域）安全生产共性、关键技术研发，取得100多项先进技术成果，选择辽宁抚顺矿区、河北峰峰矿区、中石油、熊猫烟花、三峡总公司等企业建立了煤矿瓦斯治理技术集成、重大危险源动态监控预警等60多项科技创新和技术示范工程。同时，国家安全监管总局投入经费8600万元，持续开展20余项安全生产基础研究，5年间共评审遴选出2012项项目列入国家安全监管总局“年度安全科技发展计划”，引导企业和科研院所自筹经费约10亿元自主开展安全科技研究。

但目前制约和影响安全生产的一些关键问题尚未取得突破。“十二五”时期，《规划》要求实施科技兴安、促安、保安工程；健全安全科技政策和投入机制；整合安全科技优势资源，建立完善以企业为主体、以市场为导向、政产学研用相结合的安全技术创新体系；开展重大事故风险防控和应急救援科技攻关，实施科技示范工程，力在重大事故致灾机理和关键技术与装备研究方面取得突破。同时，《规划》确定了“十二五”时期安全科技产学研的重点领域。

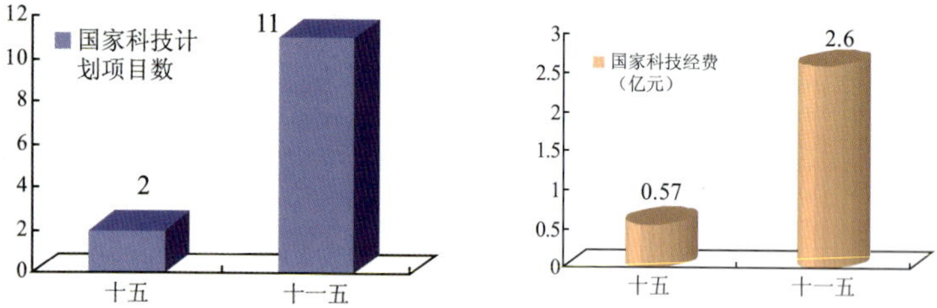

国家科技支撑计划项目与经费投入对比

安全基础理论研究：典型工业事故灾难、交通事故防治基础理论；安全生产应急管理基础理论；危险化学品安全生产理论；安全生产经济政策。

安全管理科学研究：安全生产法规政策体系运行反馈系统；安全生产监管监察、企业安全生产管理模式与决策运行系统等。

技术及装备研发：煤矿重大事故预测预警与防治；非煤矿山典型灾害预测与控制；化工园区定量风险评价与管控一体化；烟花爆竹自动化制装药生产线；特种设备无损检测与监测；高危职业危害预防；安全生产物联网；事故快速抢险及应急处置；个体防护及事故调查与分析；新型交通管理设施与交通安全设施。

2. 强化安全专业人才队伍建设

"十一五"期间,安全生产专业人才培养取得新进展。教育部、国家安全监管总局、国家发展改革委、财政部联合印发了关于加强煤矿专业人才培养工作的意见，加大了煤矿专业人才培养力度。"对口单招"院校由2003年的1所增加到目前的21所，招生人数由600人增加到6160人。现有23所职业院校列入煤炭行业技能型紧缺人才培养培训基地，在相关院校建设30个涉及煤矿、安全工程领域的特色专业点。协调原煤炭院校与煤炭企业开展订单式人才培养，12所原煤炭院校2010年订单式培养2612人，比2005年增加1812人，煤矿主体专业在校生约10.9万人。积极推行全国煤炭行业现代远程教育培训，已有46家大型煤炭企业入网，2004年以来通过网络培训150万人次。同时，安全学科建设和人才培养稳步推进。组建了高等学校安全工程学科教学指导委员会，开展了安全工程学科专业认证试点。进行了安全工程学科国家精品课程推荐，4所高校的4门安全工程课程被教育部评定为国家精品课程。开展了安全科学与工程一级学科的申报，与教育部共建了中国矿业大学和北京化工大学，与湖南省共建了湖南安全职业技术学院。目前全国设置安全工程本科专业的高校达到127所（其中：具有硕士授予权的46所，博士授予权的20所），在校生3万余人，每年招收博士生约280名、硕士生（含工程硕士）约1000名。

“十二五”时期，《规划》要求加强职业安全健康专业人才和专家队伍建设；实施卓越安全工程师教育培养计划；完善注册安全工程师职业资格制度，建立完善注册安全工程师使用管理配套政策；发展安全生产职业技术教育，进一步落实校企合作办学、对口单招、订单式培养等政策，加快培养高危行业专业人才和生产一线技能型人才。

3. 完善安全生产技术支撑体系

目前，安全生产技术支撑体系初步构建。国家安全监管总局重点建设了矿山、非矿山、职业危害和基础研究4个国家级专业中心31个实验室，以及矿山、非矿山、职业危害3个省级专业94个实验室，共配置设备5511台（套），初步建成国家级、省级安全生产技术支撑专业中心。以煤矿、非煤矿山、危险化学品等行业（领域）为重点，开展了安全生产重点实验室认定，建

> 安全生产技术支撑体系建设：通过国家级中心建设，有18个安全生产领域国家级科研院所、高校参与安全生产监管技术支撑工作，调动相关科研人员近3000人（其中高级技术职称科研人员1700余人），整合了大量科技资源，包括72个实验室（其中省部级重点实验室11个），形成了一支高素质的国家安全生产技术支撑队伍，很大程度上缓解了安全生产监管技术需求与落后的技术支撑能力之间的矛盾。

立了11个安全生产领域的国家级、省部级重点实验室，形成了更加广泛的安全科技研发平台。公安部交通安全研究中心及实验室、交通事故鉴定机构建设加快。消防科研机构装备得到补充，消防科技创新能力进一步提高。民航安全技术分析和鉴定实验室建成，民航事故调查技术分析鉴定设备得到补充完善。中国特种设备检测研究院科研试验基地和重点特种设备检验检测基地正在建设。

“十二五”时期，《规划》要求完善国家级安全生产监管监察技术支撑机构，搭建科技研发、安全评价、检测检验、职业危害检测与评价、安全培训、安全标志申办与咨询服务等的技术支撑平台。推进省级安全监管部门和煤矿安全监察机构安全技术研究、应急救援指挥、调度统计信息、考试考核、危险化学品登记、宣传教育、执法检测等监管监察技术支撑与业务保障机构工作条件标准化建设。到2015年，东部省级安全监管技术支撑和业务保障机构工作条件建设100%达到标准配置，中西部100%达到基本配置；省级煤矿安全监察机构达标率达到100%；安全生产新产品、新技术、新材料、新工艺和关键技术准入测试分析能力达到90%以上。

4. 推广应用先进适用工艺技术与装备

“十一五”以来，国家安全监管总局通过安全科技成果政策引导，全面开展了安全技术推广应用工作。

2007年，针对煤矿、非煤矿山、危险化学品、烟花爆竹等重点行业（领域）对安全科技的迫切需求，经广泛推选和专家论证，确定了煤矿瓦斯高效抽采技术与装备等9个重点技术推广方向。开展了安全生产科技成果奖评选，共评选出近500项安全生产科技优秀推广项目，进一步调动了技术研发单位进行科技投入和推广应用的积极性。2010年国家安全监管总局、国家煤矿安监局联合发布了首批《安全生产先进适用技术工艺装备和材料推广目录》，共涵盖了煤矿、非煤矿山、冶金机械、应急救援等行业（领域）70项先进安全技术、工艺、装备和材料，重点推广应用了矿山重大瓦斯煤尘爆炸事故预防与监控技术、重大危险源监控与应急救援指挥系统等一批科技成果。2006年以来，每年会同中宣部、科技部等部门定期组织开展"安全生产科技周"活动，在国家安全监管总局网站开通"安全生产科普网"，面向企业、面向

安全奥运示范工程：奥运期间，北京市安全监管局强制推广危险化学品运输车辆安装使用GPS监控系统；对涉奥场所周边300米内加油站和奥运定点加油站，全部强制安装视频监控系统、加装HAN阻隔防爆装置，完成油气回收改造；对涉奥场馆周边200米范围内的6008家生产经营单位进行全面排查，将这些生产经营单位的安全生产信息在市级地理信息平台上进行标注。这些安全生产科技成果的推广应用，为奥运安全保障提供了有效的技术支撑。

公众宣传推广最新安全科技成果。

“十二五”时期,《规划》要求完善安全生产科技成果评估、鉴定、筛选和推广机制，发布先进适用的安全生产工艺、技术和装备推广目录。完善安全生产共性、公益性技术转化平台，建立完善国家、地方和企业等多层次安全科技基础条件共享与科研成果转化推广机制。定期将不符合安全标准、安全性能低下、职业危害严重、危及安全生产的工艺、技术和装备列入国家产业结构调整指导目录。

5. 促进安全产业发展

安全产业是一个尚未形成的巨大产业。安全产业的发展方向是生产出具有高新技术特征的、具有理想安全性能的、具有高附加值的事故预防与控制产品。

针对前述生产设备设施大规模化之趋势，以及目前从事安全生产的企业数量少、规模小，缺乏核心技术和品牌产品，安全技术空心化，核心部件依靠进口之情形，应坚持本质安全理念，面向国家安全生产重大需求，瞄准世界安全科技前沿，以企业安全、民生安全需求为导向，以关键和集成技术创新为动力，以企业为主体，以提升产业自主创新能力为核心，构建产学研安全生产技术创新体系，以技术创新推进产业集聚和产业升级，催生具有爆发性增长潜力的产业集群，努力建成一批国内具有较大影响力的安全产业基地或园区。

“十二五”时期，《规划》要求制定实施安全产业发展规划。重点发展检测监控、安全避险、安全防护、灾害监控及应急救援等技术研发和装备制造，将其纳入国家鼓励发展政策支持范围，促进安全生产、防灾减灾、应急救援等专用技术、产品和服务水平提升，推进同类装备通用化、标准化、系列化。合理发展工程项目风险管理、安全评估认证等咨询服务业。到2015年，建成若干国家安全产业示范园区。

6. 推动安全生产专业服务机构规范发展

“十一五”期间，安全生产专业技术服务体系初步形成。成立了第四届国家安全生产专家组，共有专家371名（其中院士20人），下设煤矿、非煤矿山、石油化工、交通运输、建筑消防、机电、综合和现场技术支撑8个专业组。全国四级安全生产教育培训机构基地网络基本形成，现有培训机构3661家，建立了2万余人的安全培训专职教师队伍。安全评价、检测检验、安全标志等专业技术服务机构在发展中规范，在规范中发展。同时，完善了注册安全工程师执业资格制度，强化了注册安全工程师配备和使用管理，初步建立一支高素质的安全专业人才队伍。全国现有14.9万人取得注册安全工程师执业资格证，其中7.5万人注册登记执业；各类安全主任或助理注册安全工程师约47万人。注册安全工程师逐步成为安全生产专业人才队伍中的骨干力量。

“十二五”时期，《规划》要求完善安全生产专业服务机构管理办法，建立分类监管与技术服务质量综合评估制度。规范和整顿技术服务市场秩序，健全专业服务机构诚信体系。发展注册安全工程师事务所，规范专业服务机构从业行为，推动安全评价、检测检验、培训咨询、安全标志管理等专业机构规范发展。

（四）完善法律法规和政策标准体系，提高依法依规安全生产能力

目前我国部分安全生产法规与标准修订不及时，内容过时；部分法规和标准缺失，跟不上安全生产工作的

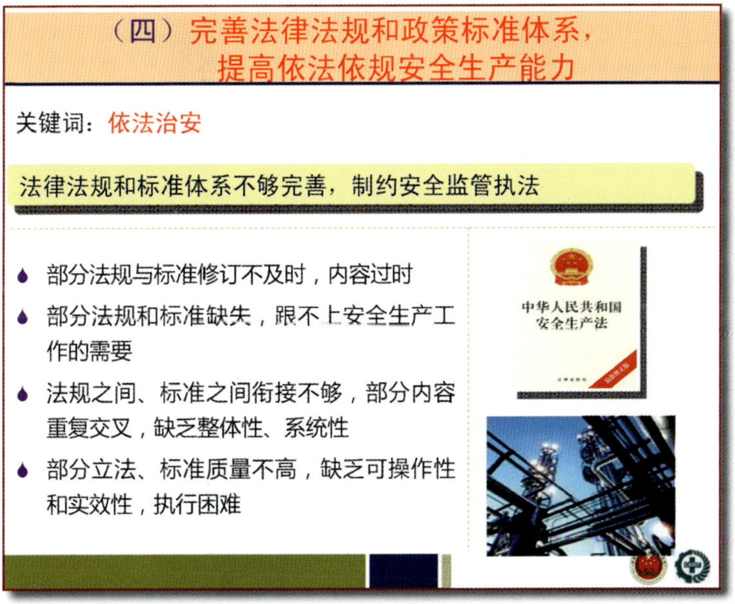

需要；法规之间、标准之间衔接不够，部分内容重复交叉，缺乏整体性、系统性；部分立法、标准质量不高，缺乏可操作性和实效性，执行困难。针对此状况，《规划》梳理提出健全安全生产法律制度、完善安全生产技术标准、规范企业生产经营行为、提高安全生产执法效力等四方面的任务。

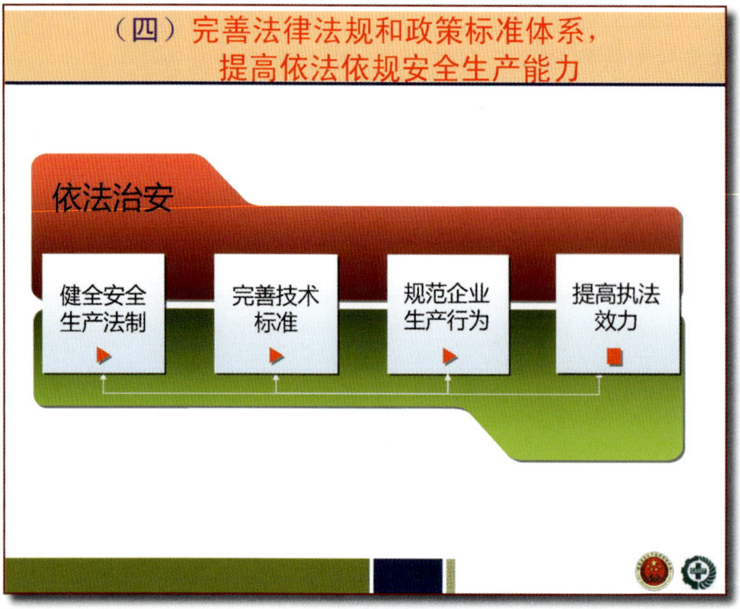

1. 健全安全生产法律制度

目前，我国安全生产法治秩序逐步形成。2006年以来，国务院先后制定下发了《关于进一步加强企业安全生产工作的通知》等重要文件。先后制修订了《突发事件应对法》、《道路交通安全法》、《生产安全事故报告和调查处理条例》、《农业机械安全监督管理条例》等13部法律、行政法规，制定发布了《重大事故查处挂牌督办办法》、《煤矿领导带班下井及安全监督检查规定》、《危险化学品建设项目安全许可实施办法》、《作业场所职业健康监督管理暂行规定》等69项部门规章。

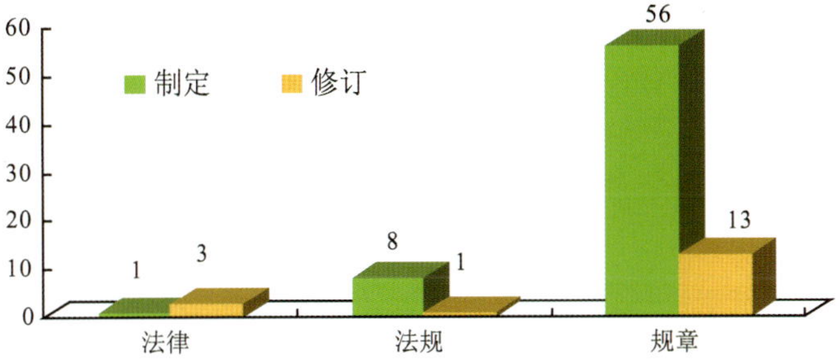

"十一五"期间法律法规规章制修订情况

"十二五"时期，《规划》要求加快推动《中华人民共和国安全生产法》等相关法律法规的制定和修订。建立法规、规章运行评估机制和定期清理制度。制定安全设施"三同时"、淘汰落后工艺设备、从业人员资格准入、重大危险

为与战后日本经济发展相适应，日本的劳动安全卫生立法先后经历了从《工场法》到《劳动基准法》中的专题章节立法、再到制定单独的《劳动安全卫生法》的过程，现已形成以《劳动安全卫生法》为中心，大批法律、规则、标准为辅的完整的劳动安全健康立法体系。以《劳动安全卫生法》为例，自1971年制定以来，已历经20多次补充修订。

源安全管理、危险化学品安全管理、职业危害防控、应急管理等方面以及与法律、法规相配套的规章制度。推动地方加强安全生产立法，根据本地区安全生产形势和特点，研究制定亟需的地方性法规和规章。

日本《劳动安全卫生法》主要修改完善情况

序号	时间	修改应对问题及背景	修改内容及配套对策
1	1975 年	确保安全健康的工作环境，符合《劳动基准法》要求	增加了“作业环境测定”相关内容，并制定颁布了《作业环境测定法》
2	1977 年	职业伤亡基本呈减少趋势，但职业病患病人数增多，特别是使用新化学物质等引起职业性癌症等新型疾病出现	充实强化了有关职业性疾病监管和防治对策内容，并制定了《化学物质毒性检查制度》、《化工厂安全评估制度》
3	1980 年	1972–1980 年，建筑业劳动灾害次数和死亡人数所占比例不断提高，灾害严重	充实完善了建筑业防止劳动灾害对策内容
4	1983 年	针对进口贸易中劳动安全卫生问题	增加了以进口贸易安全认证制度为焦点的相关内容
5	1985 年	针对办公自动化工作中视频显示终端对人体造成的职业伤害	颁布了《VDT 作业指南》
6	1988 年	针对劳动力人口老龄化、中小企业和建筑业劳动灾害突出，技术革新机电一体化和服务经济化等就业形式、作业方式的变化，出现的一系列新的安全生产问题	对《劳动安全卫生法》进行了相应修改完善，修改内容较大的是增设安全健康推进员
7	20 世纪 80 年代以后	职业事故稳定下降，政府对安全工作的重点由事故预防转向职业病预防和建立舒适的工作环境	修改和措施制定也紧密围绕职业病预防和建立舒适的工作环境进行，如 1996 年制定了《背痛预防指南》、《工作场所抽烟方针》等

2. 完善安全生产技术标准

近年来，安全生产标准规范制修订步伐加快。成立了全国安全生产标准化技术委员会，下设7个分技术委员会，安全生产标准化专家队伍初步建立。安全生产标准规范制修订工作正有条不紊地推进，“十一五”期间已制修订《危险化学品重大危险源辨识》、《企业安全生产标准化基本规范》、《煤矿安全技术规程》、《金属非金属矿山安全规程》等323项安全生产相关标准规范，其中：国家标准112项，安全生产行业标准211项。

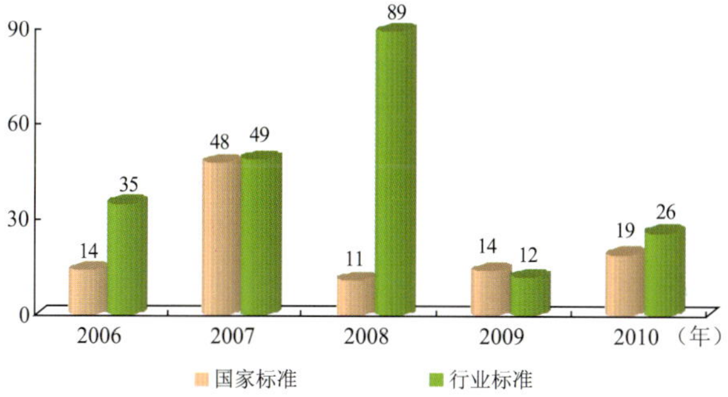

2006–2010年制修订的标准数量

“十二五”时期，《规划》要求制定实施安全生产标准中长期规划。提高和完善行业准入条件中的安全生产要求。完善公众参与、专家论证和政府审定发布相结合的标准制定机制。建立健全标准适时修订、定期清理和跟踪评价制度。鼓励工业相对集中的地区先行制定地方性安全技术标准。鼓励大型企业和高新技术集成度大的行业，根据科技进步和经济发展，率先制定企业新产品、新材料、新工艺安全技术标准。

3. 规范企业生产经营行为

国务院《关于进一步加强企业安全生产工作的通知》明确要求“进一步规范企业生产经营行为”,并提出:全面开展安全达标，深入开展以岗位达标、专业达标和企业达标为内容的安全生产标准化建设；加强对境外中资企业安全生产工作的指导和管理，严格落实境内投资主体和派出企业的安全生产监督责任；强化生产过程管理的领导责任。企业主要负责人和领导班子成员要轮流现场带班等要求。

“十二五”时期,《规划》要求全面推动企业安全生产标准化工作，实现岗位达标、专业达标和企业达标。加强企业班组安全建设。强化对境外中资企业的安全生产工作指导与管理，严格落实境内投资主体和派出企业安全生产监督责任。建立完善企业安全生产累进奖励制度。严格执行企业主要负责人和领导班子成员轮流现场带班制度。

4. 提高安全生产执法效力

近年来，各地区、各有关部门依法依规加强安全生产现场监督监察，广泛开展了事故隐患排查治理，稳步推进了重大危险源监控工作，进一步加大了行政与经济处罚力度，严肃了事故查处与结案，深化行政复议工作。2006-2010 年各级安全监管部门、煤矿安全监察机构共监督监察生产经营单位839.4万个和1761.7万次，平均每年167.9万个和352.3万次；查处生产经营单位一般隐患1277.4万项、重大隐患11.6万项，年均255.5万项和2.3万项，整改率为96.1%和90.8%；累计登记注册重大危险源29.9万处，已采取安全监控措施的重大危险源累计27.9万处，监控率为92.0%；实施行政处罚36.7万次，责令停产停业整顿生产经营单位7.99万家，提请关闭生产经营单位2.41万家，实际关闭1.83万家，占76%；实施经济处罚26.6万次、58.9亿元，年均5.3万次和11.8亿元；累计举行听证会1031次，受理行政复议案件303起，受理行政诉讼案件153起。

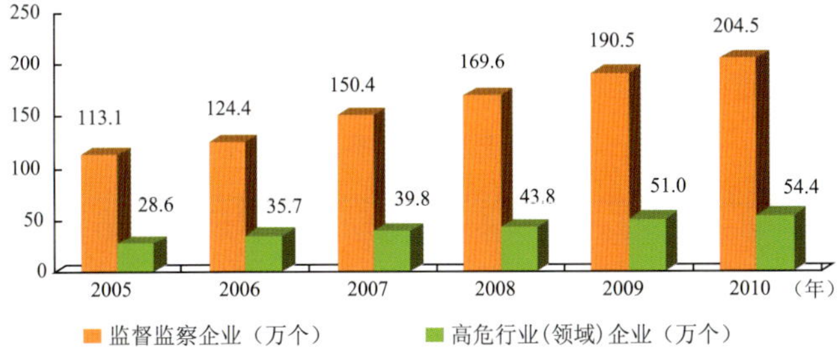

2005—2010年监督监察生产经营单位个数

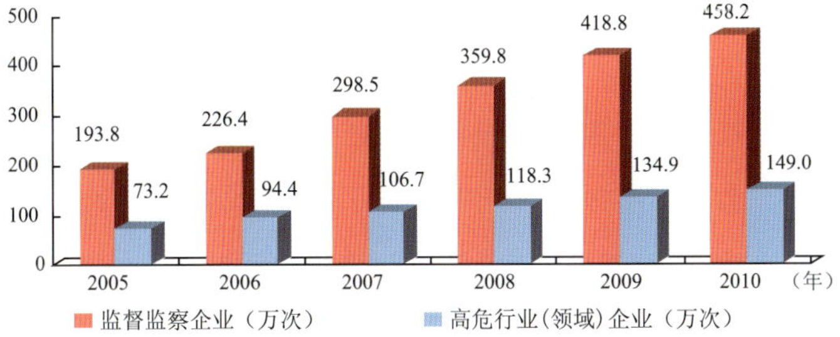

2005—2010年监督监察生产经营单位次数

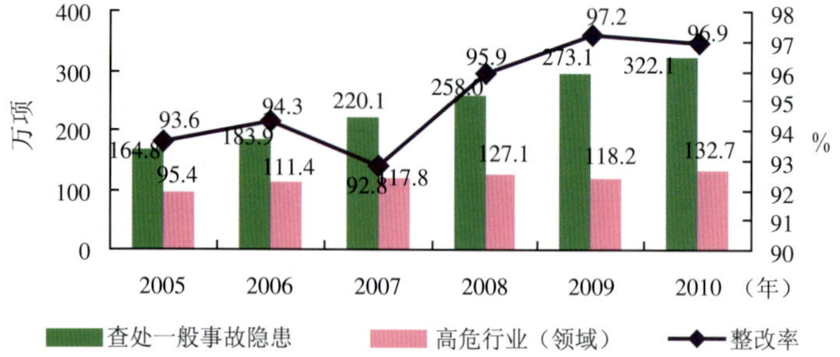

2005—2010 年一般事故隐患查处情况

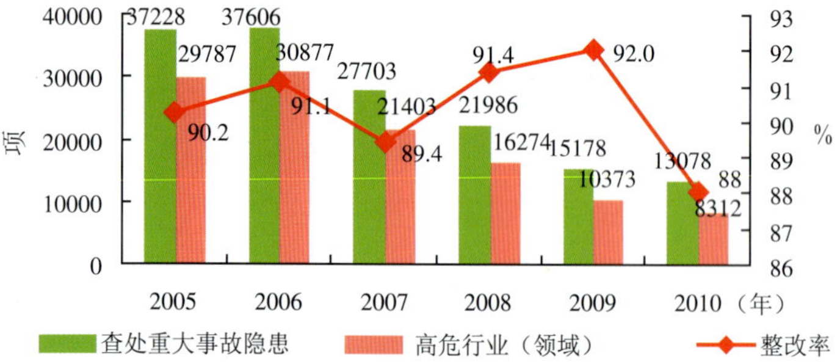

2005—2010 年查处重大事故隐患情况

“十二五”时期，《规划》要求建立严格执法与指导服务、现场执法与网络监控、全面检查与重点监管相结合的安全生产专项执法和联合执法机制。推行安全监管监察执法政务公开。完善行政执法评议考核和群众投诉举报制度。健全安全生产“一票否决”和事故查处分级挂牌督办制度。强化事故技术原因调查分析，及时向社会公布事故调查处理结果。落实安全生产属地管理责任，建立完善“覆盖全面、监管到位、监督有力”的政府监管和社会监督体系。

（五）完善应急救援体系，提高事故救援和应急处置能力

目前，42%的市（地）和85%的县（区）没有成立安全生产应急管理机构，安全生产应急管理工作层层衰减。同时，现有的安全生产应急资源，如消防、矿山应急救援、化学品应急抢救、中毒事故医疗抢救、海上搜救与打捞等，分属不同的部门管理，管理和调动基本上局限于各自行业或领域。面对跨行业、跨领域、跨地域的事故灾难，难以实现统一协调指挥和资源共享，也存在不少重复建设和资源浪费的现象。此外，还存在应急救援队伍体系不完善、缺乏应对重大复杂事故的大型特种装备、应急预案的可操作性有待加强、应急救援技术支撑能力薄弱等问题。《规划》要求从推进安全生产

（五）完善应急救援体系，
提高事故救援和应急处置能力

关键词：有效救援

应急处置能力不强，严重制约事故救援效果

- 应急管理机构建设进展缓慢
- 应急管理机制不健全
- 应急救援队伍体系不完善
- 缺乏应对重大复杂事故的大型特种装备
- 应急预案的可操作性有待加强
- 应急救援技术支撑能力薄弱

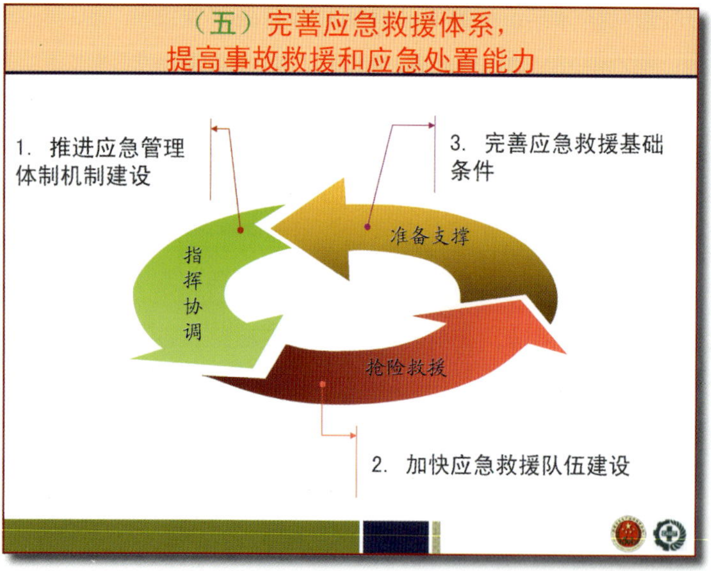

应急管理体制机制建设、加快应急救援队伍建设、完善应急救援基础条件三方面完善应急救援体系，提高事故救援和应急处置能力。

1. 推进应急管理体制机制建设

“十一五”期间，安全生产应急管理（救援指挥）体系基本建立。安全监管、环境保护、交通运输、铁道、卫生、质检、气象、电监等部门的安全生产应急机构建立健全。全国 31 个省（区、市）和新疆生产建设兵团都建立了安全生产应急工作机构，市级已成立 215 个（占 64.6%），县级已成立 434 个（占 15.2%）。纳入统计的 54 家重点行业中央企业全部设立了安全生产应急管理机构，大多数高危行业企业也已依托安全生产管理机构设置或明确了负责安全生产应急管理的机构。同时，安全生产应急管理机制初步形成。国家安全生产应急救援联络员会议制度日益完善，各部门之间的应急机制逐步建立。国家安全监管总局与气象、海洋部门建立了应对由自然灾害引发事故灾难的预警机制，与地震、环境保护部门建立了应急联动机制，与总参作战部建立了良好的合作关系。各地区相关部门也建立了应急工作机制，提高了部门间和区域间协同应对事故灾难的能力。华北、东北、西北、西南、中南、华东六大区相继建立了矿山、危险化学品应急救援协作网工作机制。

针对应急管理机构建设进展缓慢、应急管理机制不健全的问题，《规划》要求健全省、市、重点县及中央企业安全生产应急管理体系。完善生产安全事故应急救援协调联动工作机制。建立健全自然灾害预报预警联合处置机制，严防自然灾害引发事故灾难。建立各地区安全生产应急预警机制，及时发布地区安全生产预警信息。

2. 加快应急救援队伍建设

目前，安全生产应急救援队伍体系初具规模。先期建设的7个国家矿山应急救援队项目立项、评审和报批工作基本完成，国家（区域）矿山、危险化学品和油气田应急救援队伍建设前期工作有了新进展，地方骨干专业安全生产应急救援队建设步伐加快，全国绝大多数县（市、区）依托公安消防部队建立了综合的应急救援队伍。矿山、危险化学品等高危行业的大中型企业普遍建立专职安全生产应急救援队伍，高危行业其他企业大多建立或明确了兼职安全生产应急救援队伍，并与邻近专业应急救援队伍签订救援协议。截至2010年底，全国已有31个省份、248个地市、1617个县（区）依托公安消防部队组建应急救援队伍，公安消防部队编制总数超过16万人，设立特勤消防中队413个、普通消防中队3421个；地方专职消防队达到11959个，消防人员157797人。全国有一级资质的矿山救护队35支，二级资质的矿山救护队78支，三、四级资质的矿山救护队近300支，总人数2.45万人。全国有危险化学品专业救援队伍369支，人数近9万人。公路交通、铁路运输、水上搜救、船舶溢油、油气田等其他行业（领域）应急救援队伍建设也都取得显著进展。

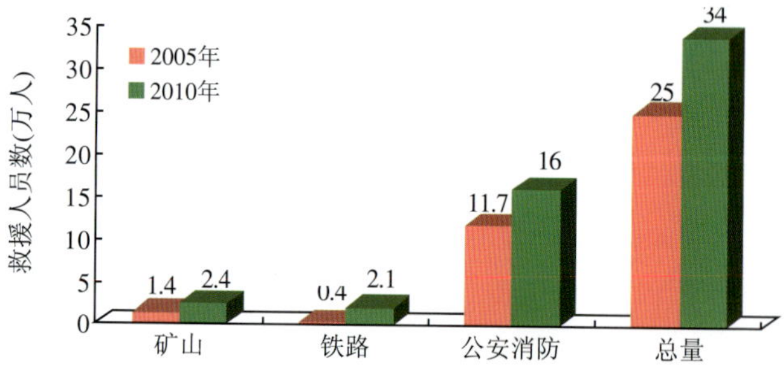

安全生产应急救援队伍数量增长情况

针对应急救援队伍体系不完善、缺乏应对重大复杂事故的大型特种装备的问题，《规划》要求加快矿山、公路交通、铁路运输、水上搜救、紧急医学救援、船舶溢油及油气田、危险化学品、特种设备等行业（领域）国家、区域救援基地和队伍建设。鼓励支持化工企业和矿产资源聚集区开展安全生产应急救援队伍一体化示范建设。依托公安消防队伍建立县级政府综合性应急救援队伍。加强紧急运输能力储备。建立救援队伍社会化服务补偿机制，鼓励和引导各类社会力量参与应急救援。

3. 完善应急救援基础条件

近年来，安全生产应急预案体系建立健全，全国生产经营单位预案总数达627万多件，其中，122家中央企业编制各类应急预案45万多件，高危行业企业预案覆盖率达到100%。安全生产应急演练普遍开展，仅2010年全国共开展31.8万次演练，参演人员728.2万人次，直接投入23.876亿元。安全生产应急平台建设取得进展，国家安全生产应急平台建设已获批复4900万元，已建设与国务院应急平台互联互通的信息报送系统。

针对应急预案的可操作性有待加强、应急救援技术支撑能力薄弱的问题，《规划》要求强化应急救援实训演练。建立完善企业安全生产动态监控及预警预报体系。完善企业与政府应急预案衔接机制，建立省、市、县三级安全生产预案报备制度。推进安全生产应急平台体系建设，到2015年，国家、省、市及高危行业中央企业应急平台建设完成率达到100%，重点县达到80%以上。

（六）完善宣传教育培训体系，提高从业人员安全素质和社会公众自救互救能力

针对从业人员安全素质差、“三违”行为引发事故多、公众安全意识不高、自我安全防范技能差、城市公共安全隐患多等问题，《规划》从提高从业人员安全素质、提升全民安全防范意识、构建安全发展社会环境三方面提出对策措施。

1. 提高从业人员安全素质

“十一五”期间，安全生产教育培训规模和覆盖面

逐步扩大。市（地）、县（市）领导干部安全培训稳步推进。到2010年，国家安全监管总局共培训310个市（地）691名分管领导干部。企业主要负责人、安全管理人员、特种作业人员和农民工安全培训覆盖面扩大，安全培训力度进一步加大。5年全国累计培训高危行业企业“三项岗位”人员2201万人次，其中：主要负责人210.4万人次，安全管理人员315.6万人次，特种作业人员1675万人次，持证上岗率分别为96.6%、92.8%和89.7%；每年培训各类安全生产应急管理人员30多万人次；累计培训工矿商贸企业农民工8217.7万人次，培训率约为88%。

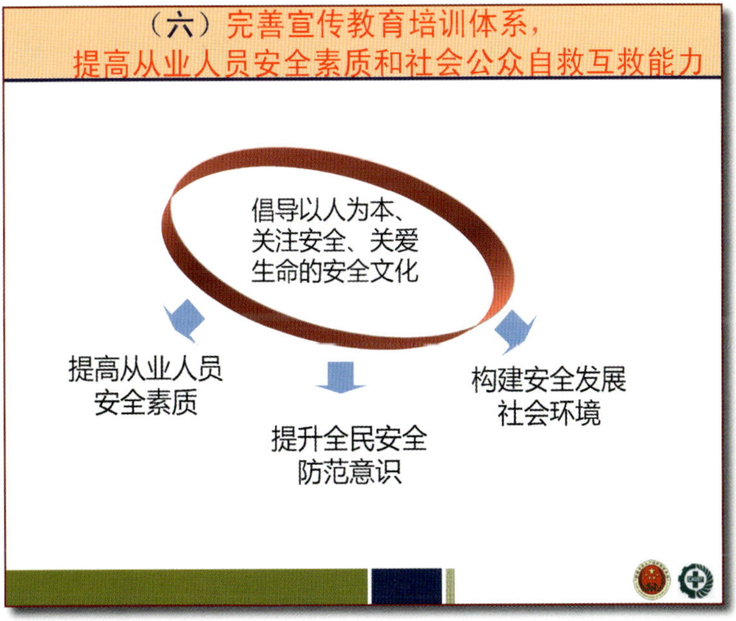

根据2010年度人力资源和社会保障事业发展统计公报，2010年度全国农民工总量为2.42亿人，其中外出农民工数量为1.53亿人。为此，加强农民工的安全培训尤为重要。

“十二五”时期，《规划》要求建立国家安全生产教育培训考试中心，以及中央企业安全教育培训考试站。推行安全生产“教考分离”和安全技术人员继续教育制度。强化高危行业和中小企业一线操作人员安全培训。完善农民工向产业工人转化过程的安全教育培训机制。高危行业企业主要负责人、安全生产管理人员和特种作业人员持证上岗率达到100%。将安全生产纳入领导干部素质教育范畴。实施地方政府安全生产分管领导干部安全培训工程。

2. 提升全民安全防范意识

近年来，各地区多渠道开展了安全生产文化建设。安全文化产品不断涌现，编制出版了大量安全科普读物和音像制品。安全生产宣传舆论阵地进一步扩大，多形式、多途径地普及了安全知识。持续深入开展了全国“安全生产月”、“安全生产万里行”、“安康杯”安全知识竞赛、“全国青年安全生产示范岗”、“消防志愿者普法行动”等活动，实施了“保护生命、平安出行”道路交通安全宣传教育工程，以及“大宣传、大教育、大培训”防火常识普及工程，关爱生命、关注安全的社会氛围逐步形成。

“十二五”时期，《规划》要求将安全防范知识纳入国民教育范畴。创建安全文化示范企业。开展安全生产、应急避险和职业健康知识进企业、进学校、进乡村、进家庭活动，实施“安全生产月”、“安全生产万里行”、“文明交通行动计划”、“消防119”、“安康杯”知识竞赛等安全生产宣传教育活动。培育发展安全文化产业，打造安全文艺精品工程，促进安全文化市场繁荣。

3. 构建安全发展社会环境

目前，安全发展的理念更加深入人心。成功举办四届“安全发展”高层论坛和两届中国国际安全生产应急管理论坛暨应急技术与装备展览会。安全社区建设步伐加快，目前启动和在建的安全社区已达1085个、覆盖人口近1亿人，已建成204个安全社区。重庆正建设安全保障型城市，山西长治在建设本质安全型城市，《国务院办公厅关于继续深化“安全生产年”活动的通知》（国办发〔2011〕11号）提出“积极创建安全发展示范城市和安全文化建设示范工程，扶持发展安全文化产业”。

“十二五”时期，《规划》要求开展安全促进活动，建设安全文化主题公园和主题街道。加强安全社区建设，提升社区安全保障能力和服务水平。推进“平安畅通县市”、“平安农机示范县”、“平安渔业示范县”、“文明渔港”、“平安村镇”、“平安校园”等建设，创建若干安全发展示范城市，倡导以人为本、关注安全、关爱生命的安全文化。

四、重点工程

围绕规划主要任务，《规划》从解决制约安全生产突出矛盾和热点问题出发，按照区分好中央与地方、政府与企业事权关系原则，确定了9项重点工程，一类是以企业实施为主体，主要包括企业安全生产标准化达标、煤矿安全生产水平提升、非煤矿山及危险化学品等隐患治理与监控、职业危害防治等4项重点工程；另一类是以政府实施为主体，主要包括道路交通安全生命保障、监管监察能力建设、安全科技研发与技术推广、应急救援体系建设、安全教育培训及安全社区和安全文化建设

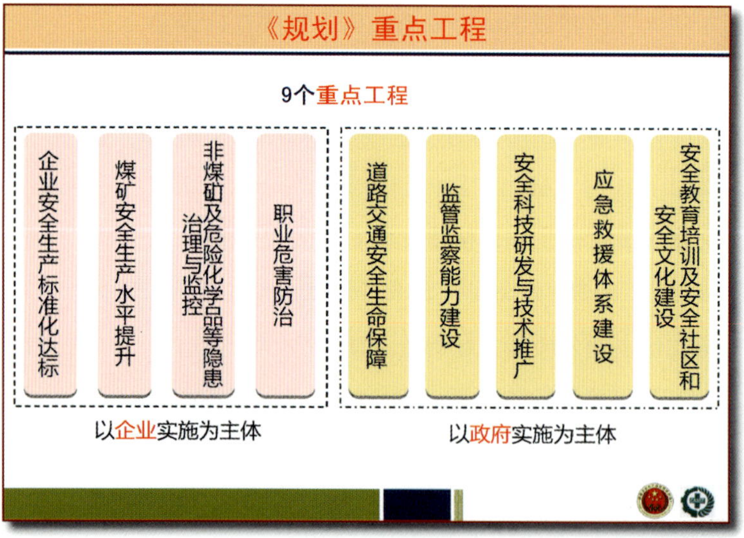

等5项重点工程。

1. 企业安全生产标准化达标工程

旨在进一步落实企业安全生产主体责任，夯实企业安全生产基础，加强企业安全生产规范化建设。要求全面开展企业安全生产标准化创建工作，并分行业领域明确了企业安全生产标准化达标的时间期限。

2. 煤矿安全生产水平提升工程

旨在有效降低煤矿灾害发生，进一步解决煤矿安全生产的主要矛盾，提高煤矿企业安全保障能力。要求开展煤矿瓦斯综合治理示范工程和煤层气地面开发利用示范工程建设，实施煤矿开采、供电、井下运输、排水、提升等系统安全技术及防灭火工程技术改造，实施矿井水害治理工程。推进小煤矿安全改造工程建设，完成煤矿井下安全避险“六大系统”工程建设。

3. 道路交通安全生命保障工程

旨在创建安全的道路交通秩序，遏制道路交通事故高发势头，从而进一步降低事故总量。要求强制推动重点客货运输车辆全面安装具有卫星定位功能的行驶记录仪；完善道路标志标线，增设道路安全防护设施；实施农村交通安全管理与服务体系建设工程；建立完善全程联网监控、交通违法行为监测查处和机动车查缉布控等系统。

4. 非煤矿山及危险化学品等隐患治理与监控工程

旨在突出主动预防，切实降低事故风险，加强事故隐患监督管理。要求推进高危行业企业建设完善重大危险源安全监控系统；建设金属非金属矿山井下安全避险“六大系统”；实施城区内安全距离不达标的危险化学品生产、储存企业搬迁；建设化工园区安全监管和危险化学品交易市场示范工程；开展建设工程起重机械事故隐患专项整治。

5. 职业危害防治工程

旨在进一步改善作业环境，保护劳动者健康及其相关权益，预防、控制和消除职业危害。要求开展全国性职业危害状况普查；建立国家职业危害因素检测分析实验室与技术支撑平台；实施粉尘危害综合治理工程；实施苯、甲醛等高毒物质和铅、镉等重金属重大职业危害隐患防范治理工程。

6. 监管监察能力建设工程

旨在进一步加强监管监察力量建设，提高执法人员专业素质和技术装备水平，提升安全监管监察效能。目前总局规划科技司与国家发改委正联合编制《安全生产监管部门和煤矿安全监察机构监管监察能力建设“十二五”规划》，提出了建设监管监察执法、信息、实训考核、应急指挥、支撑等五大体系，确定了11项重点项目。

7. 安全科技研发与技术推广工程

旨在推动安全科技创新，进一步发挥科技对安全生产的支撑作用，大力实施科技兴安战略。要求实施安全生产典型关键技术和安全产业园区示范工程；研究开发非煤矿山动力性灾害监测及预防控制、尾矿库在线监测、高含硫气田井喷事故监测预警、化工园区安全规划布局优化等技术装备；运输危险化学品、烟花爆竹、民用爆炸物品道路专用车辆，旅游包车和三类以上班线客车全部安装使用具有行驶记录功能的卫星定位装置。

8. 应急救援体系建设工程

旨在进一步整合应急救援资源，建立健全应急救援体系，增强事故应急处置能力。要求建设 7 个国家矿山应急救援队、14 个区域矿山应急救援队和 1 个实训演练基地；建设一批国家危险化学品应急救援队和区域危险化学化学品、油气田应急救援队；建设矿山、矿山医学救护、危险化学品等救援骨干队伍和国家矿山医学救护基地；实施中央企业安全生产保障及应急救援能力工程。

9. 安全教育培训及安全社区和安全文化建设工程

旨在进一步提高从业人员安全素质，提升全民安全防范意识，构建安全发展的社会环境。要求建设完善一批煤矿安全警示教育基地；实施企业工程技术人员和班组安全培训工程；推进安全社区建设；建设完善若干安全发展示范城市。

五、规划实施与评估

（一）推动《规划》实施

为保障《规划》顺利实施，《规划》明确了实施的责任，建立实施评估机制，加强相关规划衔接，推动安全生产与经济社会发展各项工作同步部署、同步推进、同步考核。

规划实施与考核方面：《规划》要求各地区、各有关部门按照职责分工，制定具体实施方案，逐级分解落实规划主要任务、政策措施和目标指标，加快启动规划重点工程，推动和引导生产经营单位全面落实安全生产主体责任；健全完善有利于加强安全生产、推动安全发展的控制考核指标体系、绩效评价体系，实施严格细致的监督检查。

规划实施评估方面：《规划》要求加强对规划实施情况的动态监测，定期形成规划实施进展情况分析报告；在规划实施中期阶段开展全面评估，经中期评估确定需要对规划进行调整时，由规划编制部门提出调整方案，报规划发布部门批准。

规划衔接方面：《规划》要求国务院有关部门按照本规划的要求，组织编制安全生产专项规划，分解细化和扩充完善规划任务。规划实施的责任主体要对本规划确定的重点工程编制工程专项规划，提出建设目标、建设内容、进度安排，以及国家、地方和企业分别承担的资金筹措方案。加强国家、地区经济和社会发展年度计划及部门年度工作计划与本规划的衔接。

（二）保障《规划》实施

围绕《规划》主要任务，从安全生产工作需要外部支持的角度出发，提出若干政策支持保障措施。总体要求是：完善有利于安全生产的财政、税收、信贷政策，健全安全生产投入保障机制，强化政府投资对安全生产投入的引导和带动作用；加大国家安全生产监管监察技术支撑体系和中西部安全生产监管监察能力建设投入。具体要求包括以下三个方面。

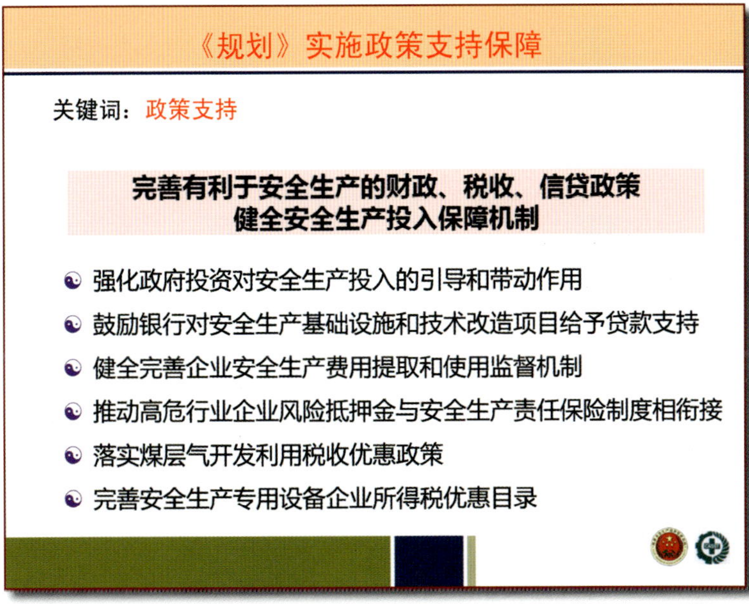

一是针对当前安全隐患突出的领域，要求继续加强对尾矿库治理、煤矿安全技改、小煤矿机械化改造、瓦斯防治和小煤矿整顿关闭等的支持，引导企业加大安全投入。鼓励银行对安全生产基础设施和技术改造项目给予贷款支持。

二是用好和进一步完善现有安全生产经济政策，要求健全完善企业安全生产费用提取和使用监督机制，适当扩大安全生产费用使用范围，提高安全生产费用提取下限标准；推动高危行业企业风险抵押金与安全生产责任保险制度相衔接；推进安全生产监管监察经济处罚收入管理制度以及煤矿重大隐患和违法行为举报奖励制度建设；落实煤层气开发利用税收优惠政策，适时调整和完善安全生产专用设备企业所得税优惠目录，支持引导矿山安全避险“六大系统”建设；建立健全涉及公众安全的特种设备第三者强制责任险制度。

三是为进一步加强安全生产投入保障，探索和创新安全生产经济政策。要求建立非煤矿山闭坑和尾矿库闭库安全保证金制度；规范和统一道路交通安全管理经费投入渠道，实行道路交通社会救助基金制度；实行农机定期免费检验制度，将农机安全检验、牌证发放等属于公共财政保障范围的工作经费纳入财政预算，鼓励有条件的地方对农机安全保险和渔业保险进行保费补贴。

第3章

《规划》贯彻实施

一、充分认识《规划》的重要意义

《国家“十二五”规划纲要》专节和《规划》确定了“十二五”时期我国安全生产的目标任务、行动路线和推进措施，是全国安全生产监管监察系统共同的行动纲领。

各级安全监管监监察部门要深入学习、深刻领会，切实增强政治意识、大局意识、忧患意识、风险意识和责任意识，进一步提升工作的主动性、宏观性、建设性、开放性和科学性。要紧紧围绕保持安全生产状况持续稳定好转的目标，把加强法治、创新方式、推动改革、促进发展作为出发点和落脚点，认真履行监管监察职责，严肃事故查处，更加注重从法制体制机制层面分析原因和处理问题。

要把《国家“十二五”规划纲要》专节和《规划》实施作为全面提高监管监察能力的重要契机，要在服务经济社会科学发展、促进经济增长方式转变、推进社会管理创新方面迈上新台阶；在推动企业进一步落实主体责任、夯实安全基础，建立健全良性动态循环的安全管理新模式方面迈上新台阶；在法治化、规范化、科学化和信息化建设方面迈上新台阶；在人才和干部队伍建设方面迈上新台阶。

二、做好规划的宣传贯彻工作

《规划》宣传贯彻在传承有效经验、普及安全意识、提高事故防范能力中起着重要作用。《规划》的实施要正确处理好整体与局部、中央与地方、政府与企业、社会与个体的关系，实行更广泛的公众参与和多方位监督。

国家层面：将通过专家解读、媒体报道、专题会议和视频讲座等多种方式分期分批组织《规划》宣贯活动；同时，组织编制《全国安全生产“十二五”规划汇编》，交流推广各地区在规划实施中好的经验和做法，改进和创新规划实施的途径、办法和措施。

地方层面：各省级安全监管监察部门要组织好系统内部的传达、学习工作，围绕《规划》实施中带有普遍性、规律性的重大问题，深入实际，调查研究，提出问题，化解难题；并通过网站、报刊杂志、电视电台等主流媒体集中宣传报道《规划》的主要内容、进展情况、取得成效。

三、分解落实《规划》目标和主要任务

各有关部门和各级政府是《规划》实施的责任主体。为进一步提高《规划》的执行力和严肃性，分解落实《规划》目标和主要任务，分国家层面和地方层面分别展开。

国家层面：一是按照《规划》确定的总体目标和主要任务，制定落实《规划》实施的指导意见和工作分要点；将规划目标指标、主要任务和重点工程分解落实到各地区、各有关部门。二是组织编制并发布实施12项部门专项规划，指导各地搞好省级专项规划，增强《规划》实施的合力。三是统筹考虑安排《规划》涉及法规完善、政策争取、项目安排、体制机制创新等方面的工作，鼓励有条件的地区先试先行。四是强化《规划》的评估和控制指标工作，定期对《规划》实施情况进行考核。

地方层面：一是根据《规划》实施指导意见，制定发布本地区具体实施方案，明确职责分工，落实责任单位、保障条件和工作进度。二是将《规划》总体目标和主要任务分解下达到相关部门、地区和单位，纳入政府政绩、企业业绩考核范围。三是对照《规划》主要任务，结合本地区、本部门实际，从解决当前最紧迫、最突出、

最重大的问题入手，采取有力措施，集中力量率先突破。四是做好与地区规划《纲要》和《规划》衔接，加快发布实施地区专项规划。

四、加快启动《规划》重点工程

重点工程建设是全面落实《规划》主要任务、完成《规划》确定目标的重要保证，也是提升企业安全保障能力和政府安全监管监察能力，实现安全生产状况持续稳定好转的重要手段。推进《规划》重点工程项目建设，关键要在抓落实上下工夫。

国家层面：一是抓紧印发实施《安全生产监管部门和煤矿安全监察机构监管监察能力建设“十二五”规划》，通过建设完善执法、信息、实训考核、应急指挥、支撑等5个安全监管监察体系，加大各级政府对安全监管监察能力建设的投入。二是制定道路交通安全生命保障、安全科技研发与技术推广、应急救援体系建设、安全教育培训及安全社区和安全文化建设等重点工程实施方案，明确工作分工和投资主体，做到责任到位、措施到位、投资到位、监管到位。三是积极完善有利于安全生产的财政、税收、信贷政策，引导企业加大安全投入，加快实施企业安全生产标准化达标、煤矿安全生产水平提升、事故隐患治理、职业危害治理等重点工程，健全安全生产投入保障的保障机制。

地方层面：一是省级监管部门要成立规划重点工程建设项目领导小组和工作办公室，积极加强与地方政府发展改革和财政部门的工作沟通，通过建立规划重点工程协调推进机制，落实项目建设责任制的投入渠道。二是扎实做好政府投资项目的前期工作，认真落实各项建设条件，尽快与《规划》相衔接，抓紧开展本地区政府投资项目建议书、可行性研究报告和初步设计的编制工作，协调地方政府落实项目建设资金，排定项目实施进度表，争取条件成熟一个，启动实施一个。三是要积极改革创新，完善地方政府的投入机制和政策措施。抓住规划实施机会，探索加大企业加大安全投入的新思路，力争“十二五”时期企业安全生产条件有新的改善。

五、定期开展评估总结

规划实施评估是国务院确定的规划实施保障措施之一。各省级安全监管部门要根据有关要求，建立完善规划实施情况监测评估制度，加强对安全生产规划实施情况的动态监测和风险评估，强化责任落实和实施进度。在规划实施中期阶段开展全面评估，重点量化评估规划目标指标的完成情况、重要任务的实施情况、重大项目的进展情况，定期形成规划实施进展情况分析报告，提交总局和当地省级人民政府。通过总结评估，考核实施结果，及时总结经验，改进实施办法。国家安全监管总局将在 2013 年年底对《规划》实施总体进展情况进行中期评估，并向国务院提交安全生产“十二五”规划中期实施进展情况报告，以适当方式向社会公布。

附

录

安全生产“十二五”规划

安全生产事关人民群众生命财产安全，事关改革发展稳定大局，事关党和政府形象和声誉。为贯彻落实党中央、国务院关于加强安全生产工作的决策部署，根据《中华人民共和国国民经济和社会发展第十二个五年规划纲要》和《国务院关于进一步加强企业安全生产工作的通知》(国发〔2010〕23号)精神，制定本规划。

一、现状与形势

(一)“十一五”期间安全生产工作取得积极进展和明显成效

党中央、国务院高度重视安全生产，确立了安全发展理念和“安全第一、预防为主、综合治理”的方针，采取一系列重大举措加强安全生产工作。各地区、各部门把安全生产与经济社会发展各项工作同步规划、同步部署、同步推进，深入落实安全生产责任和措施，持续强化安全管理和监督，严厉打击非法违法生产经营和建设行为，积极推动重点行业领域安全专项整治，集中开展“隐患治理年”、“安全生产年”活动，大力推进安全生产执法、治理和宣传教育行动（以下称“三项行动”），切实加强安全生产法制体制机制、安全保障能力和安全监管监察队伍建设（以下称“三项建设”），全国安全生产工作取得积极进展，以提高安全保障能力为核心的基础建设不断加强，以强化监督管理为关键的协作联动机制进一步健全，以安全生产法为基础的安全生产法律法规体系不断完善，以“关爱生命、关注安全”为主旨的安全文化建设不断深入。五年来，全国煤矿瓦斯治理和整顿关闭攻坚战取得明显成效，瓦斯抽采量、利用量分别增长 3 倍和 5 倍，小煤矿由 18145 处降至 9042 处，实现了小煤矿数量压减至 1 万处以内的目标；安全执法行动深入开展，共关闭取缔不具备安全生产条件的金属非金属矿山 2.1 万处、烟花爆竹厂点 1.6 万处，以及非法建设项目 1.1 万处，有效规范了安全生产秩序；稳步推进事故隐患排查治理，各级安全监管监察部门查处生产经营单位一般隐患 1277.4 万项、重大隐患 11.6 万项，对 27.6 万处重大危险源采取了安全监控措施；非煤矿山、交通运输、消防（火灾）、建筑施工、危险化学品、烟花爆竹、特种设备、民用爆炸物品、冶金等重点行业领域安全状况明显改善，全国安全生产形势保持了总体稳定、全国安全生产与“十五”末期的2005年相比，2010全国各类事故起数、死亡人数分别下降49.4%和37.4%，重特大事故起数、死亡人数分别下降36.6%和52.8%。全国事故死亡人数由2005年的12.7万人，降至2008年的10万人以下、2009年的9万人以下，2010年又进一步降至8万人以下。“十一五”规划任务全面完成，目标如期实现。

（二）“十二五”时期安全生产进入关键时期和攻坚阶段

“十二五”时期，是全面建设小康社会的重要战略机遇期，是深化改革、扩大开放、加快转变经济发展方式的攻坚阶段，也是实现安全生产状况根本好转的关键时期。安全生产工作既要解决长期积累的深层次、结构性和区域性问题，又要积极应对新情况、新挑战，任务十分艰巨。

一是安全生产形势依然严峻。我国仍处于生产安全事故易发多发的特殊时期，事故总量仍然较大，2010年发生各类事故36.3万起、死亡7.9万人。重特大事故尚未得到有效遏制，“十一五”期间年均发生重特大事故86起，且呈波动起伏态势。非法违法生产经营建设行为仍然屡禁不止。尘肺病等职业病、职业中毒事件仍时有发生。

二是安全生产基础依然薄弱。部分高危行业产业布局和结构不尽合理，经济增长方式相对粗放。经济社会发展对交通、能源、原材料等需求居高不下，安全保障面临严峻考验。轨道交通、隧道、超高层建筑、城市地下管网施工、运行、管理等方面的安全问题凸显。一些地方、部门和单位安全责任和措施落实不到位，安全投入不足，制度和管理还存在不少漏洞。部分企业工艺技术落后，设备老化陈旧，安全管理水平低下。

三是安全生产监管监察及应急救援能力亟待提升。各级安全生产监管部门和煤矿安全监察机构基础设施建设滞后，技术支撑能力不足，部分执法人员专业化水平不高，传统监管监察方式和手段难以适应工作需要。现有应急救援基地布局不尽合理，救援力量仍较薄弱，应对重特大事故灾难的大型及特种装备较为缺乏。部分重大事故致灾机理和安全生产共性、关键性技术研究有待进一步突破。

四是保障广大人民群众安全健康权益面临繁重任务。一方面，部分社会公众安全素质不够高，自觉遵守安全生产法律法规意识和自我安全防护能力还有待进一步强化。另一方面，随着经济发展和社会进步，全社会对安全生产的期望不断提高，广大从业人员“体面劳动”观念不断增强，对加强安全监管、改善作业环境、保障职业安全健康权益等方面的要求越来越高。

二、指导思想、基本原则和规划目标

（一）指导思想

以邓小平理论和“三个代表”重要思想为指导，深入贯彻落实科学发展观，围绕科学发展的主题和加快转变经济发展方式的主线，牢固树立以人为本、安全发展的理念，坚持“安全第一、预防为主、综合治理”的方针，深化安全生产“三项行动”、“三项建设”，以强化企业安全生产主体责任为重点，以事故预防为主攻方向，以规范生产为重要保障，以科技进步为重要支撑，加强基础建设，加强责任落实，加强依法监管，全面推进安全生产各项工作，继续降低事故总量和伤亡人数，减少职业危害，有效防范和遏制重特大事故，促进安全生产状况持续稳定好转，为经济社会全面、协调、可持续发展提供重要保障。

（二）基本原则

统筹兼顾，协调发展。正确处理安全生产与经济发展、安全生产与速度质量效益的关系，坚持把安全生产放在首要位置，纳入社会管理创新的重要内容，实现区域、行业（领域）的科学、安全、可持续发展。

强化法治，综合治理。完善安全生产法律法规和标准规范体系，严格安全生产执法，强化制度约束，把安全生产工作纳入依法、规范、有序、高效开展的轨道，真正做到依法准入、依法生产、依法监管。

突出预防，落实责任。坚持关口前移、重心下移，夯实筑牢安全生产基层基础防线，从源头上防范和遏制事故。全面落实企业主体责任，强化政府及部门监管责任和属地管理责任，加强全员、全方位、全过程的精细化管理，坚决守住安全生产这条红线。

依靠科技，创新机制。坚持科技兴安，充分发挥科技支撑和引领作用，加快安全科技研发与成果应用，建立企业、政府、社会多元投入机制，加强安全监管监察能力建设，创新监管监察方式，提升安全保障能力。

（三）规划目标

到 2015 年，企业安全保障能力和政府安全监管能力明显提升，各行业（领域）安全生产状况全面改善，安全监管监察体系更加完善，各类事故死亡总人数下降 10% 以上，工矿商贸企业事故死亡人数下降 12.5% 以上，较大和重大事故起数下降 15% 以上，特别重大事故起数下降 50% 以上，职业危害申报率达 80% 以上，《国家职业病防治规划（2009—2015 年）》设定的职业安全健康目标全面实现，全国安全生产保持持续稳定好转态势，为到 2020 年实现安全生产状况根本好转奠定坚实基础。

专栏 1　部分安全生产规划指标

1. 亿元国内生产总值生产安全事故死亡率下降 36% 以上。

2. 工矿商贸就业人员十万人生产安全事故死亡率下降 26% 以上。

3. 煤矿百万吨死亡率下降 28% 以上。

4. 道路交通万车死亡率下降 32% 以上。

5. 特种设备万台死亡率下降 35% 以上。

6. 火灾十万人口死亡率控制在 0.17 以内。

7. 水上交通百万吨吞吐量死亡率下降 23% 以上。

8. 铁路交通 10 亿吨公里死亡率下降 25% 以上。

9. 民航运输亿客公里死亡率控制在 0.009 以内。

三、主要任务

（一）完善安全保障体系，提高企业本质安全水平和事故防范能力

煤矿：开展全面、系统、彻底的安全隐患排查治理，防范瓦斯、水害、火灾等重特大事故。完善煤矿安全生产责任体系，强化生产过程管理领导责任。深化煤矿瓦斯综合治理，推进先抽后采、抽采达标，严格落实综合防突措施，完善瓦斯综合治理工作体系。健全灾害监控、预测预警与防治技术体系，狠抓矿井水害、火灾、冲击地压等事故防控技术措施落实。对资源整合矿区实施水

文、工程地质补充勘探。治理煤矿火灾隐患。提高矿用产品、设备安全性能。

将煤矿技术人员配备列入安全准入基本条件，严格煤炭建设、生产领域的企业准入标准。推进煤矿企业安全质量标准化和本质安全型矿井建设，推广应用煤矿井下监测监控系统、人员定位系统、紧急避险系统、压风自救系统、供水施救系统和通信联络系统（以下称安全避险“六大系统”），强化安全班组建设等安全基础管理。推动煤矿企业兼并重组和小煤矿整顿关闭，构建安全、高效的煤炭产业体系。完善煤矿采气权与采矿权协调、小煤矿严格准入与有序退出等机制。小型煤矿采煤、掘进装载机械化程度到2015年底分别达到55%和80%以上。加强煤矿地质勘探报告审查。严格控制新（改、扩）建煤与瓦斯突出矿井建设，“十二五”期间停止核准新建30万吨/年以下的高瓦斯矿井、45万吨/年以下的煤与瓦斯突出矿井项目。

专栏2　防范煤矿事故重点地区

瓦斯治理重点地区：山西、河南、贵州、黑龙江、重庆、四川、湖南。

水害治理重点地区：河北、河南、山西、山东、四川、湖南。

新建技改整合重组监管重点地区：河南、新疆、内蒙古、陕西、甘肃、山西。

道路交通：制定道路交通安全战略规划。深入推进客运车辆特别是长途客运车辆安全隐患专项整治，从严整治超载、超限、超速、非法载客和酒后、疲劳驾驶等违法违规行为。严格客运线路安全审批和监管，完善道路运输从业人员资格培训和管理制度。开展运输企业交通安全评估。完善客货运输车辆安全配置标准。建立完善车辆生产管理信用体系，加强车辆产品准入、生产一致性管理和监督，提高车辆产品质量和安全性能。改善道路交通通行条件，加强事故多发路段和公路危险路段综合治理。推进高速公路全程监控系统等智能交通管理系统建设。建立农村客运服务和安全管理体系。在公路省际交界处、市际主要交界处建立固定式交通安全服务站。

专栏3　防范道路交通事故重点地区

重特大事故控制重点地区：云南、贵州、四川、湖南、广西、西藏、新疆。

事故总量控制重点地区：广东、浙江、江苏、山东、四川。

非煤矿山：制定非煤矿山主要矿种最小开采规模和最低服务年限标准。合理布局非煤矿山采矿权，严格落实非煤矿山建设项目安全核准制度。落实矿产资源开发整合常态化管理措施，到2015年，非煤矿山数量比2010年下降10%以上。实施地下矿山、露天矿山、高陡边坡、尾矿库、排土场等专项整治，重点防范透水、中毒窒息、坍塌和尾矿库溃坝等事故。建设金属非金属矿山井下安全避险“六大系统”。完善石油天然气开采防井喷、防硫化氢中毒、防爆炸着火及海洋石油生产设施防台风、防风暴潮等防范措施。推动露天矿山采用机械铲装、机械二次破碎等技术装备，“三高”（高压、高含硫、高危）油气田采用硫化氢气体防护监测技术装备，三等及以上尾矿库和部分位于敏感地区尾矿库安装在线监测系统。

> **专栏4　防范非煤矿山事故重点地区和领域**
>
> 事故控制与资源整合重点地区：云南、河南、湖南、贵州、广西、辽宁。
>
> 重点监管矿种：铁矿、有色金属矿、煤系矿山、“三高”油气田。

危险化学品：推动制定与实施化工行业安全发展规划。开展城市化工产业布局调查，加强城市危险化学品生产、储存企业和化学品输运管线等易燃易爆设施隐患排查治理。推动新建危险化学品生产企业进入化工园区，规范化工园区安全监管，实行化工园区区域定量风险评

> **专栏5　防范危险化学品事故重点地区和领域**
>
> 事故控制重点地区：江苏、浙江、山东、广东、天津、上海、辽宁。
>
> 事故控制重点领域：城区内化学品输送管线、油气站等易燃易爆设施；大型化学品储存设施；大型石化生产装置；国家重要油、气储运设施。

价制度。推动城区内安全防护距离不达标的危险化学品生产及储存企业搬迁。强化危险化学品生产过程安全管理，对涉及危险化工工艺的生产装置建立自动控制系统及独立的紧急停车系统。强化重点监管的危险工艺、危险产品和重大危险源的监管和监控，严格危险化学品安全使用许可。健全区域危险化学品道路运输安全联控机制。加快建设集仓储、配送、物流、销售和商品展示为一体的危险化学品交易市场，推动大中型城市内的危险化学品经营企业进场交易。

烟花爆竹：推进烟花爆竹生产工厂化、标准化、机械化、科技化和集约化建设。严格安全生产准入条件，到 2015 年，烟花爆竹生产企业数量比 2010 年减少 20% 以上。加强烟花爆竹生产、经营、运输、燃放等各环节安全管理和监督，深化“三超一改”（超范围、超定员、超药量和擅自改变工房用途）等违规生产经营行为专项治理，推进礼花弹等高危产品专项整治，建立烟花爆竹流向管理信息系统。

建筑施工：加强工程招投标、资质审批、施工许可、现场作业等环节安全监管，淘汰不符合安全生产条件的建筑企业和施工工艺、技术及装备。落实建设工程参建各方安全生产主体责任。重点排查治理起重机、吊罐、脚手架和桥梁等设施设备存在的安全隐患。建立建筑工程安全生产信息动态数据库，健全建筑施工企业和从业人员安全生产信用体系，完善失信惩戒制度。以铁路、公路、水利、核电等重点工程及桥梁、隧道等危险性较大项目为重点，建立完善设计、施工阶段安全风险评估制度。

民用爆炸物品：优化民用爆炸物品产品结构和生产布局，规范生产和流通领域爆炸危险源的管理，合理控制企业及生产点数量，减少危险作业场所操作人员。推广应用先进适用工艺技术，淘汰落后生产设备和工艺，主要产品的主要工序实现连续化、自动化和信息化。

特种设备：严格市场准入，落实使用单位安全责任，保证安全投入和安全管理制度、机构、人员到位。实施起重机械、危险化学品承压设备等特种设备事故隐患整治，建立重大隐患治理与重点设备动态监控机制。推动应用物联网技术，实现对电梯、起重机械、客运索道、大型游乐设施故障的实时监测，推广应用大型起重机械安全监控系统。

工贸行业：实施冶金、有色、建材、机械、轻工、纺织、烟草和商贸等工贸行业事故隐患专项治理，重点开展工业煤气系统使用、高温液态金属生产和工贸行业交叉作业、检修作业、受限空间作业等隐患排查整治。实施自动报警与安全联锁专项改造，提高自动化程度。加强对企业煤气输送、储存、使用等危险区域连续监测监控。

电力：完善处置电网大面积停电应急体系，提高电力系统应对突发事件能力。加强电力调度监督与管理，加强厂网之间协调配合。扎实开展电力安全生产风险管理和标准化建设，加强新能源发电监督管理，确保电力系统安全稳定运行和电力可靠供应。加强核电运营安全监管，落实安全防范措施。对已投入运行20年以上的水电站全面开展隐患排查，加强水电站大坝补强加固和设备更新改造。

消防（火灾）：推进构筑社会消防安全“防火墙”工程。推动消防规划纳入当地城乡规划，加强消防站、消防供水、消防通信、消防车通道等公共消防设施建设。落实新（改、扩）建工程消防安全设计审核、消防验收或备案抽查制度。实施消防安全专项治理行动，整治易燃易爆单位、人员密集和“三合一”场所（企业员工宿舍与生产作业、物资存放的场所相通连）、高层建筑、地下空间火灾隐患。完善相关消防技术标准，严禁违规使用易燃、可燃建筑外墙保温材料。根据国家标准配备应急救援车辆、器材和消防员个人防护装备。

铁路交通：加强高速铁路运营安全监管和设备质量控制，强化高速铁路安全防护设施和防灾监测系统建设。深入开展高速铁路运输安全隐患治理，重点对线路、车辆、信号、供电设备以及制度和管理等进行全方位排查。强化高新技术条件下铁路运输安全风险管控。严厉打击危害高速铁路运输安全的非法违法行为。到2015年，危险性较大的铁路与公路平交道口全部得到改造。开展路外安全宣传教育入户活动。严格铁路施工安全管理，整治铁路行车设备事故隐患，强化现场作业控制，深化铁路货运安全专项整治。

水上交通：加强水路交通安全监管基础设施和港口保安设施建设。开展重点水域、船舶和时段以及重要基础设施安全综合治理。推进现有港口、码头的安全现状评价。强化运输船舶和码头、桥梁建设及通航水域采砂等水上水下施工作业的安全监管。推进内河主要干线航道、重要航运枢纽、主要港口及地区性重要港口监测系统建设。完善船舶自动识别、船舶远程跟踪与识别、长江干线水上110指挥联动等系统，加快内河船岸通信、监控系统建设。实施渡改桥工程。加强内河海事与搜救一体化建设。严厉查处农用船、自用船、渔船非法载客等行为。

民航运输：实施民航航空安全方案，推进航空安全绩效管理。建立空勤人员、空中交通管制员体检鉴定体系和健康风险管理体系。建立航空安保威胁评估机制。研究实行航空货运管制代理人制度。整体规划适航审定能力建设方案。建立航空安保岗位资格认证机制与培训体系。加强飞行、机务、空管、签派等人员的专业技能教育培训。建设航空安全实验基地，提高航空运行、适航维修、航空保安和事故调查分析等实验验证能力。

农业机械：完善农业机械安全监督管理体系，加强安全监理设施和装备建设，加大安全投入，保障安全监理工作需要。强化拖拉机、联合收割机注册登记、牌证核发和年度检验。推广应用移动式农机安全技术检测和农机驾驶人考试装备。加快建立农机市场准入、强制淘汰报废和回收管理制度，推进对危及人身财产安全的农业机械进行免费实地安全检验。创建500个以上“平安农机示范县”。探索开展农机政策性保险，鼓励支持农机安全互助组织有序发展。

渔业船舶：推进重点水域渔船和渔港监控系统建设。强化渔船、渔港安全基础设施管理，加强渔业航标、渔港监控设备等建设。推进渔船自动识别系统建设，加强渔船通信终端设备配备。推进渔船标准化建设，鼓励渔民更新改造老旧渔船，实行渔业船舶、船用产品、专用设备报废制度。加强渔业船员培训基地建设。实施渔船安全救生设备补助项目，推广应用气胀式救生筏等装备，实现沿海中型以上渔船救生设备应配尽配。

职业健康：开展作业场所职业危害普查。加强职业危害因素监测检测。建立完善职业健康特殊工种准入、许可、培训等制度。建立重点行业（领域）职业健康检测基础数据库。开展粉尘、高毒物质危害严重行业（领域）专项治理。到2015年，新（改、扩）建项目职业卫生“三同时”（同时设计、同时施工、同时投产和使用）审查率达到65%以上，用人单位职业危害申报率达到80%以上，工作场所职业危害因素监测率达到70%以上，粉尘、高毒物品等主要危害因素监测合格率达到80%以上，工作场所职业危害告知率和警示标识设置率达到90%以上，重大急性职业危害事件基本得到控制，接触职业危害作业人员职业健康体检率达到60%以上。强化职业危害防护用品监管和劳动者职业健康监护，严肃查处职业危害案件。

同时，全面加强旅游、水利工程等各行业（领域）安全生产工作，及时排查整治安全隐患，全面加强人员密集场所、大型群众性活动的安全管理，严防各类事故发生。

（二）完善政府安全监管和社会监督体系，提高监察执法和群防群治能力

健全安全生产监管监察体制。完善安全生产综合监管与行业管理部门专业监管相结合的工作机制。健全国家监察、地方监管、企业负责的煤矿安全工作体系。完善煤矿安全监察机构布局。落实地方各级人民政府安全生产行政首长负责制和领导班子成员安全生产“一岗双责”制度。强化基层安全监管机构建设，建立健全基层安全监管体系。积极推动经济技术开发区、工业园区、大型矿产资源基地建立完善安全监管体系。研究建立与道路里程、机动车增长同步的警力配备增加机制。

建设专业化安全监管监察队伍。完善安全监管监察执法人员培训、执法资格、考核等制度，建立以岗位职责为基础的能力评价体系。严格新增执法人员专业背景和选拔条件。建立完善安全监管监察实训体系，开展安全监管监察执法人员全员培训。到2015年，各级安全监管监察执法人员执法资格培训及持证上岗率达到100%，专题业务培训覆盖率达到100%。

改善安全监管监察执法工作条件。推进安全监管部门和煤矿安全监察机构工作条件标准化建设。到2015年，东部省、市、县三级安全监管部门工作条件建设100%达到标准配置，中西部100%达到基本配置，省级和区域煤矿安全监察机构达标率达到100%。改善一线交通警察执勤条件，将高速公路交通安全管理设施及执勤配套设施建设纳入高速公路建设体系。加强农机安全管理机构基础设施及装备建设。

推进安全生产监管监察信息化建设。建成覆盖各级安全监管、煤矿安全监察和安全生产应急管理机构的信息网络与基础数据库。加强特种设备安全监管信息网络和交通运输安全生产信息系统建设。加快建设航空安全信息分析中心，建立民航安全信息综合分析系统。完善农机安全生产监管信息系统。推进海洋渔业安全通信网、渔船自动识别与安全监控系统建设。

创新安全监管监察方式。健全完善重大隐患治理逐级挂牌督办、公告、整改评估制度。推进高危行业企业重大危险源安全监控系统建设，完善重大危险源动态监管及监控预警机制。实施中小企业安全生产技术援助与服务示范工程。强化安全生产属地监管，建立分类分级监管监察机制。把符合安全生产标准作为高危行业企业准入的前置条件，实行严格的安全标准核准制度。推进建立非矿用产品安全标志管理制度。完善高危行业从业人员职业资格制度。健全工伤保险浮动费率确定机制。完善安全生产非法违法企业“黑名单”制度。建立与企业信誉、项目核准、用地审批、证券融资、银行贷款等方面挂钩的安全生产约束机制。

依法加强社会舆论监督。发挥工会、共青团、妇联等人民团体的监督作用，依法维护和落实企业职工安全生产知情权、参与权与监督权。拓宽和畅通安全生产社会监督渠道，设立举报信箱，统一和规范“12350”安全生产举报投诉电话，实行安全生产信息公开。发挥新闻媒体舆论监督作用，强化舆论反映热点问题跟踪调查。鼓励单位和个人举报安全隐患和各种非法违法生产经营建设行为，完善有效举报奖励制度。

（三）完善安全科技支撑体系，提高技术装备的安全保障能力

加强安全生产科学技术研究。实施科技兴安、促安、保安工程。健全安全科技政策和投入机制。整合安全科

技优势资源，建立完善以企业为主体、以市场为导向、政产学研用相结合的安全技术创新体系。开展重大事故风险防控和应急救援科技攻关，实施科技示范工程，力争在重大事故致灾机理和关键技术与装备研究方面取得突破。

专栏6　安全科技产学研重点领域

安全基础理论研究：典型工业事故灾难、交通事故防治基础理论；安全生产应急管理基础理论；危险化学品安全生产理论；安全生产经济政策。

技术及装备研发：煤矿重大事故预测预警与防治；非煤矿山典型灾害预测与控制；化工园区定量风险评价与管控一体化；烟花爆竹自动化制装药生产线；特种设备无损检测与监测；高危职业危害预防；安全生产物联网；事故快速抢险及应急处置；个体防护及事故调查与分析；新型交通管理设施与交通安全设施。

安全管理科学研究：安全生产法规政策体系运行反馈系统；安全生产监管监察、企业安全生产管理模式与决策运行系统等。

强化安全专业人才队伍建设。加强职业安全健康专业人才和专家队伍建设。实施卓越安全工程师教育培养计划。完善注册安全工程师职业资格制度，建立完善注册安全工程师使用管理配套政策。发展安全生产职业技术教育，进一步落实校企合作办学、对口单招、订单式培养等政策，加快培养高危行业专业人才和生产一线技能型人才。

完善安全生产技术支撑体系。完善国家级安全生产监管监察技术支撑机构，搭建科技研发、安全评价、检测检验、职业危害检测与评价、安全培训、安全标志申办与咨询服务等的技术支撑平台。推进省级安全监管部门和煤矿安全监察机构安全技术研究、应急救援指挥、调度统计信息、考试考核、危险化学品登记、宣传教育、执法检测等监管监察技术支撑与业务保障机构工作条件标准化建设。到 2015 年，东部省级安全监管技术支撑和业务保障机构工作条件建设 100% 达到标准配置，中西部 100% 达到基本配置；省级煤矿安全监察机构达标率达到 100%；安全生产新产品、新技术、新材料、新工艺和关键技术准入测试分析能力达到 90% 以上。

推广应用先进适用工艺技术与装备。完善安全生产科技成果评估、鉴定、筛选和推广机制，发布先进适用的安全生产工艺、技术和装备推广目录。完善安全生产共性、公益性技术转化平台，建立完善国家、地方和企业等多层次安全科技基础条件共享与科研成果转化推广机制。定期将不符合安全标准、安全性能低下、职业危害严重、危及安全生产的工艺、技术和装备列入国家产业结构调整指导目录。

促进安全产业发展。制定实施安全产业发展规划。重点发展检测监控、安全避险、安全防护、灾害监控及应急救援等技术研发和装备制造，将其纳入国家鼓励发展政策支持范围，促进安全生产、防灾减灾、应急救援等专用技术、产品和服务水平提升，推进同类装备通用化、标准化、系列化。合理发展工程项目风险管理、安全评估认证等咨询服务业。到2015年，建成若干国家安全产业示范园区。

推动安全生产专业服务机构规范发展。完善安全生产专业服务机构管理办法，建立分类监管与技术服务质量综合评估制度。规范和整顿技术服务市场秩序，健全专业服务机构诚信体系。发展注册安全工程师事务所，规范专业服务机构从业行为，推动安全评价、检测检验、培训咨询、安全标志管理等专业机构规范发展。

（四）完善法律法规和政策标准体系，提高依法依规安全生产能力

健全安全生产法律制度。加快推动《中华人民共和国安全生产法》等相关法律法规的制定和修订。建立法规、规章运行评估机制和定期清理制度。制定安全设施“三同时”、淘汰落后工艺设备、从业人员资格准入、重大危险源安全管理、危险化学品安全管理、职业危害防控、应急管理等方面以及与法律、法规相配套的规章制度。推动地方加强安全生产立法，根据本地区安全生产形势和特点，研究制定亟需的地方性法规和规章。

完善安全生产技术标准。制定实施安全生产标准中长期规划。提高和完善行业准入条件中的安全生产要求。

完善公众参与、专家论证和政府审定发布相结合的标准制定机制。建立健全标准适时修订、定期清理和跟踪评价制度。鼓励工业相对集中的地区先行制定地方性安全技术标准。鼓励大型企业和高新技术集成度大的行业，根据科技进步和经济发展，率先制定企业新产品、新材料、新工艺安全技术标准。

规范企业生产经营行为。全面推动企业安全生产标准化工作，实现岗位达标、专业达标和企业达标。加强企业班组安全建设。强化对境外中资企业的安全生产工作指导与管理，严格落实境内投资主体和派出企业安全生产监督责任。建立完善企业安全生产累进奖励制度。严格执行企业主要负责人和领导班子成员轮流现场带班制度。

提高安全生产执法效力。建立严格执法与指导服务、现场执法与网络监控、全面检查与重点监管相结合的安全生产专项执法和联合执法机制。推行安全监管监察执法政务公开。完善行政执法评议考核和群众投诉举报制度。健全安全生产“一票否决”和事故查处分级挂牌督办制度。强化事故技术原因调查分析，及时向社会公布事故调查处理结果。落实安全生产属地管理责任，建立完善“覆盖全面、监管到位、监督有力”的政府监管和社会监督体系。

（五）完善应急救援体系，提高事故救援和应急处置能力

推进应急管理体制机制建设。健全省、市、重点县及中央企业安全生产应急管理体系。完善生产安全事故应急救援协调联动工作机制。建立健全自然灾害预报预警联合处置机制，严防自然灾害引发事故灾难。建立各地区安全生产应急预警机制，及时发布地区安全生产预警信息。

加快应急救援队伍建设。加快矿山、公路交通、铁路运输、水上搜救、紧急医学救援、船舶溢油及油气田、危险化学品、特种设备等行业（领域）国家、区域救援基地和队伍建设。鼓励支持化工企业和矿产资源聚集区开展安全生产应急救援队伍一体化示范建设。依托公安消防队伍建立县级政府综合性应急救援队伍。加强紧急运输能力储备。建立救援队伍社会化服务补偿机制，鼓励和引导各类社会力量参与应急救援。

完善应急救援基础条件。强化应急救援实训演练。建立完善企业安全生产动态监控及预警预报体系。完善企业与政府应急预案衔接机制，建立省、市、县三级安全生产预案报备制度。推进安全生产应急平台体系建设，到2015年，国家、省、市及高危行业中央企业应急平台建设完成率达到100%，重点县达到80%以上。

（六）完善宣传教育培训体系，提高从业人员安全素质和社会公众自救互救能力

提高从业人员安全素质。建立国家安全生产教育培训考试中心，以及中央企业安全教育培训考试站。推行安全生产“教考分离”和安全技术人员继续教育制度。强化高危行业和中小企业一线操作人员安全培训。完善农民工向产业工人转化过程的安全教育培训机制。高危行业企业主要负责人、安全生产管理人员和特种作业人员持证上岗率达到100%。将安全生产纳入领导干部素质教育范畴。实施地方政府安全生产分管领导干部安全培训工程。

提升全民安全防范意识。将安全防范知识纳入国民教育范畴。创建安全文化示范企业。开展安全生产、应急避险和职业健康知识进企业、进学校、进乡村、进家庭活动，实施“安全生产月”、“安全生产万里行”、“文明交通行动计划”、“消防119”、“安康杯”知识竞赛等安全生产宣传教育活动。培育发展安全文化产业，打造安全文艺精品工程，促进安全文化市场繁荣。

构建安全发展社会环境。开展安全促进活动，建设安全文化主题公园和主题街道。加强安全社区建设，提升社区安全保障能力和服务水平。推进“平安畅通县市”、“平安农机示范县”、“平安渔业示范县”、“文明渔港”、“平安村镇”、“平安校园”等建设，创建若干安全发展示范城市，倡导以人为本、关注安全、关爱生命的安全文化。

四、重点工程

（一）企业安全生产标准化达标工程

开展企业安全生产标准化创建工作。到2011年，煤矿企业全部达到安全标准化三级以上；到2013年，非煤矿山、危险化学品、烟花爆竹以及冶金、有色、建材、机械、轻工、纺织、烟草和商贸8个工贸行业规模以上企业全部达到安全标准化三级以上；到2015年，交通运输、建筑施工等行业（领域）及冶金等8个工贸行业规模以下企业全部实现安全标准化达标。

（二）煤矿安全生产水平提升工程

开展煤矿瓦斯综合治理示范工程和煤层气地面开发利用示范工程建设，在瓦斯灾害严重矿区建成一批理念先进、技术领先、治理达标、管理到位的煤矿瓦斯治理示范矿井，开展矿井通风和瓦斯抽采利用系统更新改造。实施煤矿开采、供电、井下运输、排水、提升等系统安全技术及防灭火工程技术改造。开展煤矿水文地质和老空区普查，实施矿井水害治埋工程。推进煤矿机械化和兼并重组小煤矿安全改造工程建设。完成煤矿井下安全避险“六大系统”工程建设。

（三）道路交通安全生命保障工程

实施客货运输车辆运行安全保障工程，强制推动重点客货运输车辆全面安装具有卫星定位功能的行驶记录仪，推广使用货运车辆限载、限速等装置。实施公路安全保障工程，完善道路标志标线，增设道路安全防护设施。实施农村交通安全管理与服务体系建设工程，建立健全农村地区交通安全管理网络。实施国家主干高速公路网交通安全管控工程，建立完善全程联网监控、交通违法行为监测查处和机动车查缉布控等系统。建设国家、省两级高速公路联网监控平台及气象预警系统、交通事故自动检测系统和交通引导系统。

（四）非煤矿山及危险化学品等隐患治理与监控工程

推进高危行业企业建设完善重大危险源安全监控系统。实施非煤矿山尾矿库、大型采空区、露天采场边坡、排土场、水害及高含硫油气田、报废油气生产设施等事故隐患综合治理。建设金属非金属矿山井下安全避险“六大系统”。加快实施城区内安全距离不达标的危险化学品生产、储存企业搬迁工程。开展城市燃气与化学品输送管网隐患治理。建设化工园区安全监管和危险化学品交易市场示范工程。建设重点危险化学品道路运输全程监控系统。开展建设工程起重机械事故隐患专项整治。

（五）职业危害防治工程

开展全国性职业危害状况普查。建立全国职业危害数据库和国家职业危害因素检测分析实验室与技术支撑平台。以防治矿工尘肺、矽肺、石棉肺为重点，实施粉尘危害综合治理工程。以防治高毒物质与重金属职业危害为重点，实施苯、甲醛等高毒物质和铅、镉等重金属重大职业危害隐患防范治理工程。建立健全职业危害防治技术支撑体系，建设一批尘肺病治疗康复中心。

（六）监管监察能力建设工程

完善省、市、县三级安全监管部门基础设施，补充配备现场监管执法装备。完善现有煤矿安全监察机构工作条件，改造煤矿安全监察机构基础设施，更新补充煤矿执法监察装备。加强水上交通安全监管和港口保安设施建设。实施安全生产监管监察信息化工程。建设若干国家安全生产监管监察执法人员综合实训基地。实施航空安全体系建设工程。建立民爆行业、特种设备、航空安全监管和农业机械等安全生产信息系统。

完善国家监管监察技术支撑体系，建设矿用新装备、新材料安全性分析和煤矿职业危害防治实验室。完善事故鉴定分析技术支撑平台；建设非煤矿山、职业危害、危险化学品、热防护和公共安全等国家安全科技研发与实验基地。实施重大危险源普查和安全监控。完善省级安全监管部门和煤矿安全监察机构直属技术支撑与业务保障单位工作条件。

（七）安全科技研发与技术推广工程

实施安全生产典型关键技术和安全产业园区示范工程。开发深部矿井热害和瓦斯防治、顶板维护、水灾预防、通信传感等关键设备。研究开发非煤矿山动力性灾害监测及预防控制、尾矿库在线监测、高含硫气田井喷事故监测预警、深海石油开采远程监控、化工园区安全规划布局优化等技术装备以及大型起重机械安全监控管理系统。60马力以上机动渔船全部安装防碰撞设备。到2012年，运输危险化学品、烟花爆竹、民用爆炸物品道路专用车辆，旅游包车和三类以上班线客车全部安装使用具有行驶记录功能的卫星定位装置。

（八）应急救援体系建设工程

建设7个国家矿山应急救援队、14个区域矿山应急救援队和1个实训演练基地。建设公路交通、铁路运输、水上搜救、紧急医学救援、船舶溢油等行业（领域）国家救援基地和队伍。依托大型企业和专业救援力量，建设服务周边的区域性应急救援队伍。建设一批国家危险化学品应急救援队和区域危险化学品、油气田应急救援队。建设矿山、矿山医学救护、危险化学品等救援骨干队伍和国家矿山医学救护基地。建设一批区域性国家公路应急保障中心。实施中央企业安全生产保障及应急救援能力工程。

（九）安全教育培训及安全社区和安全文化建设工程

建设完善一批煤矿安全警示教育基地。建设一批安全综合教育培训、特种设备实训、交通安全宣传教育、职业健康教育和安全文化示范基地。实施企业工程技术人员和班组安全培训工程。推进安全社区建设，实施安全促进项目示范工程，建设地区安全社区支持中心和一批国家安全示范社区。建设完善若干安全发展示范城市。

五、规划实施与评估

（一）加强规划实施与考核

各地区、各有关部门要按照职责分工，制定具体实施方案，逐级分解落实规划主要任务、政策措施和目标指标，加快启动规划重点工程，积极推动本规划实施，并推动和引导生产经营单位全面落实安全生产主体责任，确保规划主要任务和目标如期完成。要健全完善有利于加强安全生产、推动安全发展的控制考核指标体系、绩效评价体系，实施严格细致的监督检查。本规划确定的各项约束性指标，要纳入各地区、各有关部门经济社会发展综合评价和绩效考核范畴。

（二）加强政策支持保障

完善有利于安全生产的财政、税收、信贷政策，健全安全生产投入保障机制，强化政府投资对安全生产投入的引导和带动作用。加大国家安全生产监管监察技术支撑体系和中西部安全生产监管监察能力建设投入。各级人民政府要继续加强对尾矿库治理、煤矿安全技改、小煤矿机械化改造、瓦斯防治和小煤矿整顿关闭等的支持，引导企业加大安全投入。鼓励银行对安全生产基础设施和技术改造项目给予贷款支持。

健全完善企业安全生产费用提取和使用监督机制，适当扩大安全生产费用使用范围，提高安全生产费用提取下限标准。推动高危行业企业风险抵押金与安全生产责任保险制度相衔接。推进安全生产监管监察经济处罚收入管理制度以及煤矿重大隐患和违法行为举报奖励制度建设。落实煤层气开发利用税收优惠政策，适时调整和完善安全生产专用设备企业所得税优惠目录，支持引导矿山安全避险“六大系统”建设。建立健全涉及公众安全的特种设备第三者强制责任险制度。建立非煤矿山闭坑和尾矿库闭库安全保证金制度。规范和统一道路交通安全管理经费投入渠道，实行道路交通社会救助基金制度。实行农机定期免费检验制度，将农机安全检验、牌证发放等属于公共财政保障范围的工作经费纳入财政预算，鼓励有条件的地方对农机安全保险和渔业保险进行保费补贴。

（三）加强规划实施评估

国务院有关部门要加强对规划实施情况的动态监测，定期形成规划实施进展情况分析报告。在规划实施中期阶段开展全面评估，经中期评估确定需要对规划进行调整时，由规划编制部门提出调整方案，报规划发布部门批准。规划编制部门要对规划最终实施总体情况进行评估并向社会公布。

（四）加强相关规划衔接

国务院有关部门要按照本规划的要求，组织编制安全生产专项规划，分解细化和扩充完善规划任务。规划实施的责任主体要对本规划确定的重点工程编制工程专项规划，提出建设目标、建设内容、进度安排，以及国家、地方和企业分别承担的资金筹措方案。加强国家、地区经济和社会发展年度计划及部门年度工作计划与本规划的衔接。各地区要做好区域安全生产规划与国家安全生产规划目标指标和重点工程的衔接，并针对本地区安全生产实际，确定规划主要任务和保障措施。